사례로 보는
수목진단 이야기

사례로 보는
수목진단 이야기

펴낸날	2024년 7월 22일
지은이	김홍중, 정유용

펴낸이	조영권
만든이	노인향
꾸민이	ALL contents group

펴낸곳	자연과생태
등록	2007년 11월 2일(제2022-000115호)
주소	경기도 파주시 광인사길 91, 2층
전화	031-955-1607 팩스 0503-8379-2657
이메일	econature@naver.com
블로그	blog.naver.com/econature

ISBN   979-11-6450-063-5   93470

사례로 보는
수목진단
이야기

글·사진 | 김홍중, 정유용

자연과생태

나무에 기대어 보는 세상

"이거, 맛이나 보라고."

어르신이 까만 비닐봉지를 내미셨습니다. 봉지 안에 든 건 7년 만에 처음 거둔 호두였습니다. 호두나무는 7년이 지나야 열매를 맺으니 어르신과 제가 인연을 맺은 지는 그보다 좀 더 오래되었습니다.

어르신이 논을 메우고 호두나무를 심겠다고 하셨을 때, 저는 말리고 싶었습니다. 근동에 호두나무 재배 농가가 없었는데 그건 기후 조건이나 생육 환경이 호두나무 재배지로 알맞지 않을 가능성이 크다는 뜻이기 때문입니다. 아무튼지 어르신은 고집스럽게 호두나무를 심으셨습니다.

"여, 용촌인디유."

어르신은 핸드폰을 쓰지 않아서 꼭 일 마친 뒤 저녁에 전화하십니다. 온갖 병충해를 비롯해 문제가 생길 때마다 물어 오셨고 방문도 요청하셨습니다. 첫해에는 한 번, 둘째와 셋째 해에는 봄과 여름에 두세 번 가봤는데, 그 후로는 오라 하기가 미안하셨는지 종종 가지나 잎을 따서 어르신이 제 사무실로 찾아오실 때가 많았습니다. 참으로 열심히 돌보신 호두나무에서 처음으로 수확한 호두는 참 고왔습니다. 어느 과실수나 첫 수확은 그리 실하거나 풍성하지 못한데, 어르신은 고마운 마음을 전하고자 제게 맛보이고 싶으셨나 봅니다.

어르신이 호두나무를 심으신 까닭은 자신이 죽고 나면 자녀들이 땅을 팔까 염려되어서였습니다. 과실수라도 심어 수확을 보기 시작하면 쉬이 팔아 치우지는 못하리라 생각하신 거지요. 어르신은 자신이 죽고 나서도 땅과 나무가 함께 보전되기를 바라셨던 겁니다.

나무는 심고 가꾸는 이의 정성을 비료 삼아 자랍니다. 내버려 둔 채 서너 해만 지나면 엉망이 되며, 과실수라면 그 상태가 더 심합니다. 온통 쭉정이만 달렸다고 투덜거린다면 정성껏 돌보지 않았다고 고백하는 꼴입니다.

제가 겪은 수목진단 사례는 1,300여 건입니다. 그 숫자만큼이나 많은 숲과 나무, 의뢰인들을 만났습니다. 누군가는 제가 하는 수목진단이 아픈 나무의 이야기를 듣는 일이라고 생각할 수도 있겠지만 그건 절대로 제 영역이 아닙니다. 숲과 나무를 바라보는 다양한 사람들의 이야기를 듣는 것이며, 저는 그저 나무에 기대어 세상을 볼 뿐입니다.

수목진단에서는 응용이 중요합니다. 아무리 경험과 자료가 많아도 연관성을 찾지 못하거나 응용할 줄 모르면 더 헷갈릴 뿐이며, 한 분야만 특별히 깊이 있게 안다고 해도 정확히 진단할 수 없습니다. 현장에 가 보면 다양한 질문이 쏟아지고 연관성 있는 피해가 끊임없이 나타납니다. 그럴 때 필요한 정보를 어디서 어떻게 찾아 활용할지가 중요하므로 수목진단의 핵심은 노하우(Know-How)가 아니라 노웨어(Know-Where)라고 할 만합니다. 그런 의미에서 이 책이 도감과 사례집의 중간지대를 탐험하는 기회를 제공하리라 기대합니다.

2024년 7월 김홍중

차례

비생물적 피해

생물적 피해 : 병해

생물적 피해 : 충해

일러두기

– 본문은 크게 비생물적 피해와 생물적 피해로 나누고, 생물적 피해는 다시 병해와 충해로 나눠 실었습니다.

– 수목진단에서 필요한 기본 개념을 사례를 들어 설명하며, 논쟁 여지가 있거나 이미 잘 알려진 사례는 제외했습니다.

– 수목진단 용어와 병명은 『조경수 병해충 도감』(서울대학교출판문화원, 2009)을 원안으로 삼고 국립산림과학원 연구신서들과 산림청 용어집 및 여러 도감을 함께 참고해 채택했습니다. 한자명이 없거나 영어명이 둘 이상일 때에는 여러 참고문헌을 비교해 널리 쓰이는 명칭을 선택했습니다.

– 곤충 학명은 국립생물자원관 〈국가생물종목록〉(2023)을 참고했습니다.

– 이 책은 수목진단 접근 방법에 초점을 맞췄습니다. 따라서 이미 잘 알려져 정보 접근이 쉬운 방제 방법이나 병원균 및 해충 정보를 자세히 다루지 않은 경우도 있습니다.

복토(覆土, filled soil)와 석축(石築, masonry) 장기간에 걸쳐 서서히 나타나는 피해

과습(過濕, excess soil water) 나무 질식사 원인

답압(踏壓, soil compaction) 또 다른 질식사 원인

동해(凍害, freezing injury) 나무도 동상을 입습니다.

심식(深植, deep planting) 나무도 숨 좀 쉬게 해 주세요.

상열(霜裂, frost crack)과 동계피소(冬季皮燒, winter sunscald) 찢어지고 갈라지는 상처투성이 나무들

건조해(乾燥害, injury due to dryness) 나무도 피곤합니다.

약해(藥害, phytotoxicity) 말 안 해도 아는 수가 있지요.

침수(沈水, submersion) 백 년도 참았는데 뭘.

풍해(風害, wind damage) 바람 잘 날 없는 나무들

포장(鋪裝, packaging) 뻔한 걸 왜 물어요?

뿌리조임(girdling) 나무 몸통 조르기 기술?

만상(晩霜, late frost) 흔히 쓰면서도 헷갈리는 용어 1

상주(霜柱, ice column) 흔히 쓰면서도 헷갈리는 용어 2

설해(雪害, snow damage) 눈 오는 소리를 아시나요?

세척제 피해(detergents) 이런, 말도 안 되는 피해가?

사례로 보는 수목진단 이야기

비생물적 피해

복토覆土, filled soil 와 석축石築, masonry

장기간에 걸쳐 서서히 나타나는 피해

▲ 복토와 석축 피해로 죽은 상수리나무(2013.9. 충북 옥천)

의뢰받은 나무는 지자체에서 보호수로 지정했을 정도로 잘생긴 상수리나무였습니다. 현장에 도착해 보니 한 그루는 이미 고사했고, 그 옆 다른 한 그루도 상층부 일부 가지는 고사했으며 전체적으로 잎이 작고 밑동의 껍질과 목질부가 썩어 들어가고 있었습니다.

초기 복토 피해는 땅속에서 진행되므로 알아채기 어렵습니다. 산소 부족으로 뿌리발달이 느리고 무뎌져 나무는 장기간에 걸쳐 서서히 죽어 갑니다. 천연기념물 104호였던 충북 보은의 백송이 축대와 복토가 원인이 되어 20여 년에 걸쳐 서서히 고사한 예입니다.

▲ 고사목 옆에 있는 상수리나무(2013.9. 충북 옥천)

고사목과 고사한 가지는 빨리 제거해서 충해 같은 2차 피해를 막아야 합니다. 나머지 한 그루라도 살리려면 석축과 콘크리트 구조물을 제거하고, 나무 밑동 주변에 마른 우물 형태로 돌을 쌓거나 수직 유공관을 설치해서 복토, 답압, 과습 피해를 방지해 줘야 합니다.

이후 지자체에서는 주민들의 협조를 얻어 나무 주변 포장 일부를 걷어 내기는 했는데 석축은 어쩔 수 없었던 모양입니다.

▲ 석축 때문에 고사 중인 상수리 나무의 하부(2013.9. 충북 옥천)

15쪽 위 사진의 느티나무는 도로포장과 석축으로 인한 피해가 예상됩니다. 그러나 앞의 상수리나무와는 사정이 조금 다릅니다. 수관폭 아래가 거의 모두 포장된 점은 같지만 상수리나무는 석축에 막혀 뿌리가 뻗어 나갈 곳이 없습니다. 이처럼 주변이 포장되고 석축이 있더라도 상황에 따라 피해 정도가 다릅니다. 15쪽 아래 사진의 벚나무 가로수도 도로포장으로 인한 피해가 예상됩니다. 얼마나 버틸지 참으로 딱합니다.

▲ 느티나무 주변의 구조물(2016. 충북 청주)

▼ 벚나무 가로수 길 도로포장(2018. 충북 보은)

과습 過濕, excess soil water
나무 질식사 원인

과습은 토양에 수분함유량이 너무 많은 상태를 말합니다. 그러면 공기 유통이 원활하지 않아 산소가 부족해지고 탄산가스가 축적되어 뿌리가 제 기능을 못합니다. 뿌리는 결국 산소가 부족해 죽게 되는데, 우리 팀 막내는 이런 설명이 어렵다며 그냥 질식사(窒息死)라 표현하잡니다. 기발합니다.

▲ 과습 피해 측백나무(2014.10. 충북 청주)

16쪽 사진의 측백나무들을 진단해 달라고 의뢰받았을 때 일부 고사목이 있었고, 수관 상부에서부터 아래쪽 가지로 갈변현상이 진행되는 것, 잎자루가 갈변하면서 아래로 처지는 것 등이 있었습니다.

▲ 과습으로 인한 뿌리 고사 확인

▼ 배수불량으로 인한 과습 피해 포지(2016. 충북 보은)

과습 피해에는 당연히 배수불량이 따릅니다. 17쪽 사진의 피해지는 예전에 논 자리를 메우며 별다른 배수시설 없이 평탄작업만 하고 식재한 상황이었습니다. 더 이상 질식사하지 않도록 명거배수(노출 도랑)나 암거배수(땅속 도랑)를 만들어 배수불량 상태를 개선해야 합니다.

키가 40cm 정도인 아래 사진의 금송은 지표면보다 낮은 상태로 식재되어 물고임 현상이 발생했고 구엽은 대부분 탈락했으며 신초는 짧은 상태였습니다. 금송이 심긴 마당은 물이 잘 빠지는 사질토였는데 왜 과습이 발생했을까요?

과습 피해 금송(2021.5. 충북 단양) ▲▶

의뢰인에게 양해를 구하고 흙을 파 봤습니다. 아래 사진 속 동그라미 친 부분에 성질이 다른 흙이 보입니다. 아마도 보습력이 뛰어난 배양토나 원예용 상토일 겁니다. 화분 속에 있던 흙을 같이 묻은 것으로 화분에 기르던 식물을 옮겨 심을 때 흔히 발생하는 일입니다. 그러니 멀쩡한 사질토 마당에서 배수불량으로 인한 과습 피해가 발생한 겁니다.

과습 피해는 대부분 배수불량을 비롯해 심식이나 복토가 동반 원인일 때가 많습니다. 그러나 복토나 심식으로 인한 피해는 급속히 나타나지 않고 서서히 진행되는 게 특징입니다. 환경 특성에 따라 다를 테지만 과습 피해는 다양한 곳, 심지어 경사지에서도 나타납니다.

사정을 들어 보니 지인에게서 얻은 금송 화분을 애지중지하던 의뢰인에게 오랫동안 집을 비워야 할 일이 생겼답니다. 그래서 햇볕 잘 드는 마당에 심어 두고 가셨다는데, 화분에 담긴 흙과 함께 파묻은 겁니다. 그래도 아직 죽지는 않아서 다행입니다.

▲ 화분에 담겼던 흙(2021.5. 충북 단양)

답압 踏壓, soil compaction

또 다른 질식사 원인

충북 제천에 있는 한 오토캠핑장의 소나무들입니다. 대체로 잎이 짧고 솔방울이 많이 달렸으며 이미 고사했거나 고사 중이었습니다. 수목진단 의뢰인 대부분이 원인을 알고 묻는 일은 드뭅니다. 이번 의뢰인도 싱그럽던 잎들이 하루가 다르게 시들거나 색깔이 변하니 풍광을 해칠까 걱정스럽다며 원인을 물어 왔습니다.

답압은 토양의 투수성 및 통기성이 악화되어 수목 성장의 장해 요소가 됩니다. 한마디로 토양이 눌려 딱딱해지니 토양 속에 공기도 물도 있을 수 없는 상태가 된다고 이해하면 됩니다.

▼ 답압 피해 소나무 임지(2014.10. 충북 제천)

그런데 피해 복구 방법이 문제입니다. 답압 토양 개량법으로는 천공법과 도랑 설치, 다공성 유기물(펄라이트, 버미큘라이트 등)을 깔아 주는 토양 멀칭 같은 방법이 있으나 다져진 토양을 개량한다는 건 매우 어렵습니다. 이미 식재된 수목의 뿌리가 다칠 수 있어서입니다. 차선책은 더 다져지지 않도록 조치하는 겁니다.

▲ 캠핑 사이트로 사용 중인 다져진 땅(2014.10. 충북 제천)

▲ 의뢰받은 우량 소나무 보호지역 내 소나무(2020.5. 충북 제천)

위 사진의 소나무는 나무에 관심 있는 분이라면 사진만 보고도 어디인지 알 만한 곳, 바로 우량 소나무 보호지역의 소나무입니다. 이 사례는 관계기관의 업무 담당자인 의뢰인이 원인을 아는 경우로 대안을 제시한다고 해서 실행이 가능할지, 참으로 난처했습니다.

답압과 과습 피해는 증상이 비슷합니다. 둘 다 토양의 공극 부족으로 수목 뿌리부에서 피해가 시작되며, 앞의 오토캠핑장에서 본 것과 비슷하게 대체로 잎이 짧고 솔방울이 많이 달리는 등 척박한 땅에서 자라는 것과 같은 증상을 보입니다.

이처럼 질식사한다는 점에서는 답압과 과습 피해 증상이 비슷하지만 뚜렷하게 다른 점이 있습니다. 한마디로 과습 피해는 급속히, 답압 피해는 서서히 진행됩니다. 이런 상황에서도 나무는 미련스럽게 어떻게든 견디려 합니다.

이후 주민들과 협의해 마을 진입로 곳곳에 접근 주의 안내판을 내걸고 5톤 이상 차를 우회하게끔 했습니다. 과연 그 정도로 답압 진행이 멈추고 완화될지 시간을 두고 지켜볼 일입니다.

◀▼ 의뢰받은 우량 소나무 보호지역 내 소나무(2020.5. 충북 제천)

동해 凍害, freezing injury

나무도 동상을 입습니다.

개활지에 식재된 아래 사진의 비자나무는 수관 하부의 잎이 유난히
어두운 적갈색을 띠었습니다. 바람에 노출이 심한 주변 영산홍, 동
백나무 등은 잎끝이 탈색되었고 손으로 만져 보면 바스러지는 상태
였습니다.

충북 청주 미동산 수목원에 있던 나무인데 아쉽게도 지금은 저 비
자나무를 볼 수 없습니다. 그곳에 있던 배롱나무도 이제 볼 수 없습
니다. 중부지역에 식재된 남부지역 수종들의 안위는 늘 불안합니다.
십 년을 잘 버텨 주다가도 어느 날 갑자기 죽어 버리는 일이 허다합
니다. 미동산 수목원이 위치한 곳의 해발고도는 약 250m이고, 위도
와 경도는 36°N, 127°E로 남부 및 북부 지역 수종이 갈리는 접경지
인 듯합니다.

▼ 비자나무 동해(2014.1. 충북 청주 미원)

　위 사진의 측백나무와 사철나무, 28~29쪽 사진의 화살나무와 영산홍도 동해로 여겨집니다. 그런데 이런 상태가 정말 동해일까요? 『수목 병해충 도감』에서는 "동해는 한겨울 빙점 이하에서 나타나는 식물의 피해를 이르는 것으로 온도가 빙점 이하로 내려갈 때 두 가지, 얼음 결정으로 인한 세포막 파손과 원형질의 탈수 현상으로 나타난다."고 정의하며, 증상으로는 "활엽수는 잎끝과 가장자리가 탈색되면서 괴사해 갈색을 띠고, 침엽수는 잎끝에서부터 갈색으로 변하고 녹색이 어두워지면서 붉은색을 띠며 수종에 따라 봄이 되면 다시 녹색으로 돌아오기도 한다."고 설명합니다.

그러나 동해는 단순히 설명하기가 어렵습니다. 만상, 조상, 동상처럼 세분해서 살펴보기도 해야 하지만 심한 가지치기, 배수불량 등과 관련해 나타나는 일도 허다하고 때로는 동해가 원인이 되어 수세쇠약으로 이어지기도 해서입니다.

핵심은 잎이 바스러지는가인데 만져 보지 않으면 구분하기 어렵습니다. 또한 염화칼슘을 뿌리는 차도나 인도 가까이에 식재된 관목도 계속 지켜보지 않는다면 피해 원인을 구분하기가 어렵습니다.

도감이나 매뉴얼에서 다음과 같은 설명을 종종 봅니다. "식재 전내한성을 고려한 선택, 북풍에 노출을 피하는 방법만으로도 동해를

어느 정도 예방할 수 있다. 토양 멀칭을 실시하고 작은 나무는 밑동과 수간을 짚으로 감싸주는 방법 등이 있다."

그러나 수목진단 현장에서 만나는 동해 대부분은 내한성 수종을 고려한 식재지 선택이나 바람에 노출된 문제와는 별개로 가을철 늦은 전지와 강전지가 원인인 경우도 많습니다.

통상 동해는 초봄이나 늦봄에 내린 늦서리로 인한 피해인 만상(晩霜)이나 늦가을에 내리는 서리로 인한 피해인 조상(早霜), 겨울철에 발생하는 동상과 상열(수간 외층이 갈라지는 현상) 등을 모두 포함합니다.

◀▼ 동해로 의심되는 화살나무와 영산홍

아래 사진의 소나무들은 과도한 가지치기가 원인이 되어 수세 쇠약으로 이어졌습니다. 여기에 동해를 입는다면 나무좀류에 의한 피해로도 이어집니다. 봄에 과수농가에서 보이는 나무좀류 피해 대부분도 이런 동해, 일련의 과정과 관련이 깊습니다.

▼ 과도한 가지치기로 동해를 입은 소나무(2020. 충북 청주)

이 길가의 사철나무들도 동해로 고사한 걸까요? 참고로, 도로변이기는 하나 염화칼슘 피해와는 무관한 지역입니다. 이런 상황을 보면 식재한 시기를 꼭 물어봐야 합니다. 식목에서 발생할 수 있는 뿌리활착 불량과 동해의 경합으로 봐야 한다고 생각합니다. 상황이 더욱 곤란해지는 경우는 의뢰인이 하자보수 기간 여부를 따질 때입니다. 말씀 잘하셔야 합니다.

▼ 겨울철에 고사한 사철나무(2021.2. 충북 진천)

심식 深植, deep planting

나무도 숨 좀 쉬게 해 주세요.

심식은 나무를 지나치게 깊이 심는 걸 말합니다. 심식 피해는 자연 상태에서는 거의 볼 수 없고 수목을 옮겨 심는 과정에서 발생하므로 전형적인 인위적 피해로 볼 수 있습니다.

　나무를 옮겨 심을 때 뿌리를 묻는 깊이가 매우 중요합니다. 뿌리가 너무 깊게 묻히면 새 뿌리가 발생하지 못하고 호흡, 양분 및 수분 흡수 같은 제 기능을 다하지 못합니다. 이로 인한 증상은 과습, 배수 불량, 답압과 비슷합니다.

▼심식 피해 스트로브잣나무 임지(2016.3. 충북 청주)

　　진단을 의뢰받았을 때 이 주목과 소나무는 가지 안쪽 잎부터 마르기 시작했거나 완전히 고사한 것도 있었습니다. 의뢰인은 뿌리 흔들림을 방지하려고 깊이 심었답니다. 심식이나 복토로 너무 높이 쌓인 흙은 발견 즉시 걷어 내야 하는데, 이때 건조피해를 예방하는 조치가 필수입니다. 되도록 생육기 이전에 작업하며 기간을 정해 놓고 2회 이상에 걸쳐 조금씩 걷어 내는 방식을 권합니다.

▲▼심식 피해 주목과 소나무(2016. 충북 보은)

활엽수(주로 천근성 수종)는 심식 피해를 견디고자 2단근을 발생시키기도 합니다. 딱한 일입니다. 수목이 2단근을 뻗는 것은 당장 살아남기 위한 방편입니다. 2단근을 만든 수목이 살아남는 걸 거의 보지 못했습니다. 직근(뿌리)들이 고사한 상태에서 2단근만으로 지탱하는 건 역부족인가 봅니다.

▲ 스트로브잣나무의 심식 확인과 심식으로 인해 2단근이 발생한 꽃사과

5월에 동네 감나무를 찾아 나섰습니다. 의뢰인은 처음에 심은 감나무(35쪽 사진)가 고사한 원인을 동해로 판단했답니다. 그래서 이듬해 다시 감나무를 심고는 겨울에 짚으로 감싸 주기까지 했는데 또 죽었답니다. 기상 여건이 맞지 않는 지역이라면 동네에 감나무가 있을 수 없습니다. 단 한 곳이라도 멀쩡하게 살아가는 감나무가 있다면 동해로 고사했다고 보기는 어려운데 인근에 큰 감나무가 있었습니다. 결국 땅을 파서 확인한 것처럼 심식으로 인한 고사이자 수세 쇠약이었습니다. 심식도 역시 과습이나 배수불량 같은 다른 피해와 연관되는 일이 많은데, 의뢰인은 화학비료까지 과용했습니다. 나무도 숨을 쉬어야 삽니다. 심식은 뿌리가 숨도 못 쉬게 덮어 버리는 일입니다.

▲ 심식 피해 감나무(2021.5. 충북 청주)

▼ 감나무 심식 확인(2021.5. 충북 청주)

상열 霜裂, frost crack 과
동계피소 冬季皮燒, winter sunscald
찢어지고 갈라지는 상처투성이 나무들

상열은 자연적 현상, 대개 기상에 의한 피해이며 그중에서도 저온과
관련된 동해에 해당합니다. 동해를 소개했는데 여기에서 또 상열을
언급하는 건 그간의 수목진단에서 상열 피해 건수가 적지 않았기 때
문입니다.

『수목 병해충 도감』이나 『수목생리학』에서는 "겨울철 수간이 동
결하는 과정에서 단열한 안쪽보다 바깥쪽 목재가 더 수축하면서 불
균형으로 생기는 장력 때문에 수직으로 갈라지는 현상이며, 낮에 햇
빛을 많이 받는 남서쪽 수간에 많이 발생하고 침엽수보다는 활엽수
에서 자주 보인다."고 설명합니다. 아마도 수목진단을 공부하시는
분들은 잘 아는 설명이겠지요. 그러나 제가 보여 드리려는 부분이
또 있습니다.

▼상열 피해 벚나무(2016.10. 충북 청주)

▲ 상열 피해 벚나무와 이팝나무

　이 사진의 벚나무와 이팝나무는 남서쪽 수간 지제부 수피가 터지거나 심한 건 수직으로 갈라졌습니다. 나무의 찢어진 부위와 방향에 주목해 봅니다. 이 상처가 상열로 인한 피해일까요? 혹시 동계피소라는 말을 들어보셨나요?『수목생리학』에서는 동계피소를 "한겨울에 수간 남쪽 부위가 햇빛에 가열되면 그늘진 쪽의 수간보다 온도가 20℃ 이상 올라가서 일시적으로 조직의 해빙이 일어나는데, 일몰 후 급격히 온도가 떨어지면서 조직이 동결해 형성층 조직이 피해를 받는 현상"이라고 설명합니다. 사실 우리가 상열이라고 여기던 것들이 동계피소 현상과 너무도 비슷합니다.

▲ 상열 피해 초기(벚나무)와 반복적 상열 피해 후기(낙우송)

한 초등학교를 방문했습니다. 멀리서 볼 때는 분명 잘생긴 단풍나무(39쪽 사진)였는데 다가가 보니 지제부에서 먼 줄기와 가지의 수피가 오래전에 한 방향으로 갈라져 들뜨거나 벗겨진 상태였습니다.

이처럼 동계피소는 남서 방향 수간 아래쪽에 발생하는 상열과 달리 위아래를 가리지 않습니다. 피소 현상은 강한 빛에 노출되어 나무껍질이 데는 것인데 겨울철에 나타나기 때문에 동계피소라고 일컬으며, 겨울철에 햇빛을 많이 받는 쪽은 남서 방향입니다.

상열이나 동계피소는 사방이 트인 개활지에 식재된 나무에서 주로 나타나는 피해입니다. 그래서인지 학교 운동장이나 정원에 식재된 수목에서 많이 보이는 것 같습니다.

상열 피해를 예방하는 방법은 잘 알려져 있습니다. 수간에 흰색 페인트를 바르거나 흰색 테이프로 감싸 주면 강한 햇볕을 반사해 온도가 높아지는 걸 막아 주므로 나무의 세포를 보호할 수 있습니다. 또한 이미 갈라진 부위에는 도포제를 발라서 빗물이 스며들거나 해충이 침입하지 못하게 해 2차 피해를 예방해야 합니다.

◀초등학교의
단풍나무
(2021.5. 충북 괴산)

◀줄기의 상처
(2021.5. 충북 괴산)

◀가지의 상처
(2021.5. 충북 괴산)

▲ 건조피해 임지(2015.8. 충북 보은 회인)

건조해 乾燥害, injury due to dryness

나무도 피곤합니다.

위 사진의 야산은 언론사들이 먼저 알고는 한바탕 소란스러웠던 곳입니다. 건조피해가 없는 해는 드물지만 2015년에는 유난히 전국적으로 심했습니다.

『수목 병해충 도감』에서는 건조피해의 증상과 특성을 "일정 기간이 지나도 비가 오지 않는 이상 건조 현상으로 인해 일어나는 모든 재해를 가리키며, 수분부족으로 인한 건조피해는 가지 끝에서 서서

▲ 암반지대 건조피해(2015.8. 충북 보은 회인)

히 나타난다. 초기에 단순하게 시드는 것은 밤에 수분 상태가 좋아지면 회복되나 만성적 건조는 광합성 효율을 떨어트려 생장을 저하한다. 활엽수는 어린잎과 줄기가 시드는데, 시든 잎은 가장자리부터 잎맥 사이 조직이 갈색으로 고사하면서 말려 들어간다."고 설명합니다.

이런 현상은 아파트단지나 공원에 심은 나무도 피해 가지는 못합니다.

지하주차장이 있는 아파트 화단은 토심이 깊어야 1m 정도이다 보니 해마다 반복적인 건조피해가 발생합니다. 이런 어이없는 현상이 벌어지는 이유는 우리나라의 수목식재 준공검사 기준도 한몫하는데, 필요한 분은 따로 살펴보면 되니 설명은 생략합니다.

▲▼ 토심이 얕은 아파트 조경수
(단풍나무) 건조피해(2014. 충북 청주)

　　이런 나무는 버텨 내기는 해도 성장은 저조한데 나무가 갖는 건조
저항성과 건조인내성 덕분입니다. 『수목생리학』에서는 "나무들은
당일 증산량을 감당하고자 수간이나 목질부에 수분을 축적하는데,
얼마나 버틸 수 있는지는 수종에 따라 다르다. 대부분 수종이 수일
또는 당일 양에도 못 미치는 경우가 허다하며 그만큼 수일에서 한
달씩 이어지는 건조를 견디기에는 충분치 않다. 특히 마른 상태에서
피해를 견디는 능력도 수종마다 다른데 참나무류는 줄기보다 뿌리
의 건조인내성이 강하고 소나무류는 뿌리가 줄기보다 건조인내성
이 약한 듯하다."고 설명합니다. 이렇게 생리적으로 건조를 견뎌 내
려는 나무의 노력이 기특합니다.

▶ 공원의 건조피해 수목들
(2020.6. 충북 청주)

▲ 공원 내 하부 모습과 관목류의 잎마름 현상(2020.6. 충북 청주)

　건조피해가 잘 나타나는 수목은 천근성 수종이거나 토심이 낮은 곳에서 자라는 개체, 이식목 등입니다. 위 사진은 어느 시민께서 보내 줬습니다. 도심 소공원에 식재된 수목의 건조피해 모습인데 공원 전체가 큰 화분 같습니다. 자연적인 수분 공급만으로는 버티는 데에 한계가 있어 보입니다.

　공원이나 아파트단지의 나무에 물주머니가 달린 걸 봤을 겁니다. 조경수의 건조피해를 줄이고자 조치할 때에는 하층토까지 완전히 젖도록 충분히 관수해야 합니다. 점적관수법을 이용해 나무 밑동에만 조금씩 물을 흘리는 방법도 효과적입니다.

▲ 아까시나무 건조피해(2019.9. 충북 제천)

▼ 아까시나무가 열매 맺는 시기의 건조피해(2019.9. 충북 제천)

▲ 건조피해지 아까시나무의 하부(2019.9. 충북 제천)

　아까시나무 황화현상은 자연 상태에서 흔히 볼 수 있습니다. 멀리서 보면 마치 고사한 것처럼 보이며 해마다 반복됩니다. 아까시나무 건조피해는 공교롭게도 열매 맺는 시기와 맞물립니다. 기후변화 탓도 있겠지만 조경수라면 인위적 피해로 봐야 합니다.

약해 藥害, phytotoxicity

말 안 해도 아는 수가 있지요.

▲ 의뢰인이 보내온 느티나무 잎 사진들(2021.5. 충북 충주)

의뢰인이 느티나무 잎 사진을 보내왔습니다. 제초제는 치지 않았답니다. 지하에 주차장도 없답니다. 배수불량도 아닌 모양입니다. 다른 사진을 더 보내겠다 하기에 직접 가 보겠다고 했습니다.

무척 규모가 큰 공장입니다. 의뢰인이 제게 보냈던 이파리의 주인공을 보여 줍니다. 사진으로 봤을 때보다 조금 더 상황이 나빠진 듯합니다.

"얘만 그런가요?"

"그런 애들이 있고 안 그런 애들도 있고……"

의뢰인이 말끝을 흐립니다.

▲ 약해 의심 느티나무(2021.5. 충북 충주)

▲ 공장의 자작나무 잎 상태

　공장에 있는 나무들은 병이나 해충 피해도 없고 토양이나 관리 상태까지도 거의 완벽했습니다. 문제점은 관리 상태가 완벽했다는 데서 찾았습니다. 이곳을 관리하는 의뢰인은 봄맞이 행사처럼 약을 쳤답니다. 보름에서 이십일 전쯤에 이틀 간격으로 살균제와 살충제를 번갈아 쳤는데, 회사에서 알면 큰일이라며 쉬쉬합니다.

　약해 진단에서는 약제를 적기, 적소, 정량으로 사용했는지 여부를 따져 보는 게 관건입니다. 저는 농약 사용주기를 열흘이라고 말합니다. 약 종류별로 다르냐 어쩌냐를 떠나 열흘을 고집하는 이유는 약해를 염두에 두기 때문입니다.

　"열흘입니다. 꼭이요!"

　정문을 빠져나오며 의뢰인에게 다시 한번 일러두었습니다.

약해는 농약으로 인한 식물 피해를 말하며 좁은 뜻으로는 식물의 생리 상태를 악화시키는 피해를 말합니다. 처방으로는 제초제 피해 처방과 조치에 준해 피해 수목 주변에 활성탄 또는 부엽토나 완숙퇴비를 뿌려 농약 흡착효과를 기대하는 것과 그보다 손쉬운 방법으로는 관수해 토양에 잔류하는 농약 농도 희석효과를 기대하는 게 다입니다. 역시나 나무 스스로 깨어나 주기를 기다리는 것 말고 우리가 할 수 있는 일은 그리 많지 않아 보입니다. 사람은 그저 거들뿐입니다.

▼ 고농도 약해를 입은 소나무(2016.3. 충북 청주)

▲ 고농도 약해를 입은 소나무(2015. 충북 증평)

▲ 고농도 약해를 입은 산수유(2016. 충북 청주)

▲ 고농도 약해를 입은 느티나무(2016. 충북 청주)

▲ 고농도 약해가 의심되는 참느릅나무(2016. 세종)

침수 沈水, submersion

백 년도 참았는데 뭘.

아래 사진의 나무들은 하천부지에 심은 어린 주목들입니다. 이곳은 전년도 여름에 폭우로 하천이 범람하면서 물에 잠겼던 곳입니다. 드문드문 푸른빛을 띠는 나무도 보이지만, 안타깝게도 침수 피해를 피할 수 없어 보입니다.

　침수의 가장 큰 원인은 갑작스러운 호우일 때가 많습니다. 어린나무가 물에 잠기면 잎과 가지에 흙 앙금이 붙으며 생리적 장애를 일으켜 생육 저하, 고사, 발병 같은 피해가 나타납니다. 물에 잠긴 식물체는 산소가 부족해서 무기호흡을 하게 되는데, 그 상태가 계속되

▲ 침수 피해로 고사한 주목들(2018.4. 충북 청주)

면 당분, 전분, 단백질 같은 호흡기질이 소진되어 기아 상태에 이릅니다. 대체로 침수된 채 하루 이틀이면 고사하며, 햇빛과 수온, 내건성 정도에 따라 몇 시간 만에 고사하기도 합니다.

침수는 토양 중에 수분함유량이 너무 많은 상태인 과습과 비슷한 점이 많습니다. 그렇다면 과습으로 인한 고사라고 해도 되지 않을까 생각하는 분도 있겠습니다. 현장에 갔을 때 이력을 모르는 고사목을 만났다면 다양한 방법으로 고사 원인을 찾을 텐데, 무엇보다 앞서 토양 상태를 살필 겁니다. 그런데 물 빠짐이 좋은 사질토라면 과습이라는 표현이 적절할까요?

아래 사진의 나무는 높이가 2.5m 정도나 되는 회양목입니다. 의뢰인은 요즘 들어 생육이 불량한 듯하다며 관리방법을 물으셨고, 마을의 자랑이라는 말씀까지 하고는 입을 다뭅니다.

▲ 수령 100년쯤으로 추정된다는 회양목(2020.10. 충북 충주)

▲ 잎과 뿌리 상태 확인(2020.10. 충북 충주)

　잎끝이 말라 색이 변했으며 맹아지가 발생했고 30cm 정도 복토한 상태였습니다. 세근은 매우 쇠약하나 새로 발생하는 세근이 다수 보였으며, 일부 고사한 가지가 있으나 울폐도(잎과 가지의 풍성도)는 높은 편이었습니다. 토양의 물 빠짐은 썩 좋은 상태는 아니나 배수불량 상태가 오랜 기간 이어지지는 않았을 것으로 보였는데, 100여 년을 그 자리에 있었으니 그럭저럭 적응하며 살고 있었을 듯했습니다.

　문제의 정답은 55쪽 사진 속에 있습니다. 과다한 복토와 주변보다 낮은 식재지입니다.

"복토로 인해 나무가 금방 고사하지는 않습니다. 주변 흙은 한두 해 만에 쌓인 게 아닐 테니 누구의 잘못도 아닙니다. 제가 궁금한 건 마을이 100년 전 모습 그대로는 아닐 듯해서……"

이렇게 말을 꺼내자, 그제야 의뢰인이 입을 엽니다.

"도로 덧씌우기를 했어요. 아마도 이장 바뀌고 또 했지?"

'또'라고 하니 한두 번이 아니었단 말입니다. 처음부터 회양목이 낮은 위치에 있지는 않았는데, 주변 지대가 높아지면서 반복적으로 물이 고였다는 뜻입니다.

"처방은 많은데, 침수 피해(배수 불량 포함)를 막으려면 배수로나 침수 방지용 가름막 설치가 필요해 보입니다."

이 한마디로 제가 할 일은 끝났습니다. 복토를 걷어 내고, 맹아지 잘라 주고, 엽면 시비를 하는 건 그다음 문제입니다. 앞으로 물이 고이지 않도록 하고, 나무 스스로 제 모습을 찾을 때까지 기다리는 게 우리가 할 일입니다. 100년을 참아 온 나무인데 잘 해내지 않을까요?

▲ 과다 복토한 상태(2020.10. 충북 충주)　　▲ 주변보다 지대가 낮아진 식재지(2020.10. 충북 충주)

풍해 風害, wind damage

바람 잘 날 없는 나무들

풍해라고 하면 풍도목 즉 강풍으로 인해 뿌리째 뽑히거나 넘어진 나무가 떠오릅니다. 그러나 풍해는 바람에 의해 나타나는 물리적 및 생리적 피해 모두를 의미합니다.

▲ 강풍으로 인해 쓰러진 오엽송(2012.8. 충북 청주)

풍도목은 활엽수보다는 침엽수에서 더 많이 발생하며 특히 천근
성 수종(淺根性樹種: 뿌리가 땅속 깊이 뻗지 않고 지표면 근처에 얕게 퍼지는 수종)인
가문비나무와 낙엽송 등이 바람에 약한 편입니다.

쓰러지거나 뿌리째 뽑히지는 않더라도 줄기나 가지가 잘 꺾이는
수종으로는 아까시나무, 버드나무, 소나무, 녹나무 등을 들 수 있
습니다. 58쪽 사진의 정이품송 가지가 부러진 날은 기상청 바람 예
보가 초속 5.8m 정도였으니 비교적 약풍에 부러졌음을 알 수 있습
니다.

▲ 강풍으로 인해 쓰러진 잣나무(2016. 충북 영동)

▲ 바람으로 인해 가지가 부러진 정이품송(2021.3. 충북 보은군 제공)

▲ 부러진 가지의 위치(2021.3. 충북 보은군 제공)

　풍해는 순간적인 강풍으로 인한 피해를 의미합니다. 가지가 부러지는 것 말고도 수목의 새눈이 손상되거나 수관이 변형되며, 줄기가 굽기도 합니다. 특히 바람이 끊이지 않는 곳에 자리 잡은 나무는 키가 작고 줄기나 가지가 한쪽으로 쏠리거나 기울어지게 됩니다. 높은 산지나 해안에 그런 모양인 나무가 많은 이유입니다.

▲ 상수리나무 잎끝 마름 현상(2020.6. 충북 증평)

▲ 겨울바람에 의한 소나무 잎끝 마름 현상(2019.5. 충북 청주)

위 상수리나무의 잎끝이 마르고 오그라든 모습은 바람으로 인한 활엽수의 생리적 피해입니다. 소나무 잎 피해는 동계건조 현상과도 비슷합니다. 바람으로 인한 가장 큰 생리적 피해는 증산과 흡수 불균형으로 인한 건조피해로 나타납니다. 적당히 부는 바람은 증산작용을 돕지만 강한 바람은 수목의 증산작용을 적정수준 이상으로 가속하기 때문입니다. 그 밖에도 바람이 토양을 건조하게 해서 수목의 생장을 저해하기도 합니다.

포장鋪裝, packaging

뻔한 걸 왜 물어요?

왜 도로는 하나같이 나무 밑으로 지나가는지. 사람들 편의를 위해 보도블록이나 대리석, 아스팔트 콘크리트 등으로 나무가 자라는 곳의 지표면을 덮어 버리는 일이 너무 많습니다. 느티나무 진단을 의뢰한 분이 말합니다.

"나무가 왜 이래요? 전에는 멋지게 자라던 나무인데"

이 나무뿐인가요. 요즘 마을의 당산목들은 수난을 겪고 있습니다. 도로 한가운데에 있는 느티나무는 마을 한복판으로 도로가 나면서 아스팔트에 꼼짝없이 갇혔고 천공까지 당했습니다. 정말 기가 막힌 일입니다.

▲ 도로포장에 갇힌 느티나무(2019.9. 충북 괴산)　　▲ 도로 한가운데 있는 느티나무(2019.6. 충북 괴산)

아래 사진 속 화백은 어쩌다 도로에 갇혔을까요? 아마도 나무는 본래 저 자리에 있었을 텐데 주변에 쉼터를 만들며 저리되었겠지요.

나무 주변 지표면을 포장하면 뿌리의 호흡, 흡수, 생장에 영향을 끼쳐 생장둔화, 잎 왜소화 및 퇴색, 조기낙엽 같은 현상이 반복되어 가지가 죽고 수형이 파괴되다가 고사에 이르게 됩니다.

앞서 의뢰인의 궁금증에 뭐라 말할 필요가 있을까요?

'뻔한 걸 왜 물어보죠? 치료, 조치, 그걸 꼭 말로 해야 아나요?'

뱉으려던 말을 꾹 참았습니다. 시급한 조치는 무조건 나무 주변 포장을 제거해 주는 겁니다. 흙이 드러나야 개량하든 자갈을 깔든 다른 조치가 뒤따를 수 있습니다. PVC 유공관을 설치하는 방법도 있지만 경계 턱을 높이지 않으면 빗물 배수구 역할로 전락하니 주의해야 합니다.

▲▲ 도롯가의 화백(2019.12. 충북 음성)

▲ 잎 왜소, 엽소, 부분적 가지 고사 현상을 보이는 느티나무와 화백

뿌리조임 girdling

나무 몸통 조르기 기술?

외국 학술지에서는 거들뿌리(girdling root)나 환근(環根)으로 소개하기도 하며, 우리나라에서도 이런 표현을 그대로 쓰기도 하지만 뿌리조임, 뿌리꼬임이라는 말을 더 많이 씁니다. 비생물적 피해로 전염성이 없으며 그리 주목받지도 못하던 현상인데, 함께 생각해 봤으면 하는 부분이 있어 소개합니다.

뿌리조임 현상이 나타나면 물과 무기양료가 지나는 통로에 영향을 주어 수세 쇠약과 수형 파괴, 심하면 고사에 이릅니다. 주로 경급이 큰 나무에서 발생하는데, 뿌리가 넓게 퍼지지 못하고 지제부 수간을 감아 직경생장(비대성장)을 할 수 없게 하므로 조직이 압축되고 새로운 도관이 생길 수 없습니다. 한마디로 레슬링에서 허리 조르기나 몸통 조르기를 하는 것과 비슷합니다. 아래 사진에서 삽 끝을 보면 뿌리가 자신의 수간(몸통)을 휘감고 있습니다.

▼ 지제부 수간(몸통)을 조르는 뿌리와 상태 확인(2019.10. 충북 청주)

▲ 뿌리조임이 확인되는 나무들(2021.1. 충북 청주)

　국립산림과학원에서 펴낸 『생활권 수목진료 현장기술』에서는 "뿌리조임 현상은 산림에 있는 나무에서는 좀처럼 보기 어려우며 대부분 생활권에 심은 나무에서 보인다. 도심 건물 주위, 가로수, 공원, 정원 등 좁아서 뿌리 생장에 지장이 있는 곳이다."라고 설명합니다. 요즘 화분에 반려식물을 키우는 분들 많을 테니 흙을 걷어 내고 화분 속을 한번 봐 주세요. 뿌리들이 뱅글뱅글 돌고 있을 겁니다. 물론 오래된 화분일수록 더 심할 테죠.

　뿌리조임을 발견하면 우선 감고 있는 뿌리를 제거해 생육공간을 넓혀 줘야 합니다. 65쪽 사진은 앞서 보여 드린 소나무의 감은 뿌리를 제거하는 장면입니다. 그러나 이런 조치 이전에 나무를 심을 때부터 뿌리를 살펴 뿌리조임 조짐을 보이는 나무는 제거하거나 심지 말아야 합니다. 식재 공간도 넓게 확보하고 뿌리가 지하로 뻗도록 토양을 개량하는 게 더 중요합니다.

　우리나라에 뿌리조임에 대한 학술자료는 거의 없습니다. 외국 학술지에서는 원인이 확실치 않다고들 말합니다. 그런데, 앞서 인용한

책에서는 생활권 식재가 원인이라고 말합니다. 과연 원인이 그것뿐일까요? 산림 나무에서는 좀처럼 발견되지 않는 현상이 왜 생활권 나무에서는 자주 발생하는 걸까요?

혹시 인위적 피해는 아닐까요? 뿌리가 아니라 노끈이나 나일론 줄, 반생(철사)이 몸통을 친친 감고 있다면 어떨까요? 뿌리조임 부분을 제거한 위쪽 사진을 자세히 보면 고무 바가 보입니다. 아마도 나무를 옮겨 심을 때 뿌리 부분을 감싼 것이겠지요. 어쩌면 이것이 원인일지도 모릅니다.

우리는 아직도 나무를 옮겨 심을 때 사용하는 반생을 비롯한 각종 끈 처리 문제를 매듭짓지 못하고 있습니다. 어떤 이들은 제거해야 한다, 어떤 이들은 놔 둬도 된다고 합니다. 이런 탓에 현장을 다녀 보면 끈을 제거하지 않고 심은 나무가 태반입니다. 나무의 생육공간을 넓혀 줘야 하는 건 당연합니다. 뿌리를 친친 감고 있는 각종 끈에 대한 여러분의 생각이 궁금합니다.

만상 晩霜, late frost
흔히 쓰면서도 헷갈리는 용어 1

동해의 일종인 만상 피해는 말 그대로 늦서리로 인한 피해입니다. 그러니 5월에 들어서면서부터는 좀처럼 발생하지 않고, 보통 4월 말 즈음 맑은 날 밤 기온이 영하 3~5℃로 떨어질 때 발생해 내한성이 거의 없는 새순이나 어린잎, 꽃을 시들어 마르게 합니다. 고사에 이르지는 않지만 과수농가라면 1년 농사를 망칠 수도 있습니다. 만상과 반대로 가을에 처음 내리는 첫서리인 조상(早霜, early frost)도 아직 겨울맞이 준비를 마치지 못한 수목에 비슷한 해를 입힙니다.

이런 현상을 냉해(冷害)라고 표현하는 분도 있습니다. 언뜻 냉해가 저온으로 인한 피해를 포괄한다고 착각할 만도 합니다. 그러나 만상, 조상, 동상으로 인한 동해는 기온 0℃ 이하에서 세포가 동결되며 나타나는 피해이며, 냉해는 0℃ 이상 저온에서 발생하며 여느 해보다 기온이 낮은 날이 이어질 때 열대 또는 난대 식물처럼 추위에 약한 식물이 입는 피해입니다.

◀▶ 만상으로 인한 호두나무 새순 피해
(2021.4.23. 충북 영동)

상주 霜柱, ice column

의뢰인이 소나무 사진을 보내왔는데, 밭에 가 보지는 않았습니다. 현장을 직접 확인하지 않았으니 딱 부러지게 말할 수는 없지만, 까닭을 추정할 만했기 때문입니다. 상주 즉 서릿발 때문입니다.

69쪽 사진의 밭은 지난해 5월에 진단 의뢰를 받고 둘러본 현장입니다. 땅을 밟아 보니 푹푹 꺼졌습니다. 비닐로 덮여 있어 치솟은 흙이 보이지 않았던 겁니다. 이 밭의 에메랄드그린과 68쪽 사진 밭의 소나무 상태를 비교하면 어떤가요? 그렇습니다. 같은 현상이었기 때문에 소나무 현장은 가 볼 것도 없었습니다. 의뢰인에게 비닐 위를 밟았을 때 푹푹 꺼지는지 확인하고 그렇다면 보리밟기하듯 꾹꾹 밟아 주라고 말했습니다.

▲ 의뢰인이 보내온 소나무 사진(2022.3.25. 충북 음성)

서릿발은 흙 속의 수분이 지면이나 땅속에서 동결 또는 승화해 생기는 수많은 기둥 모양 얼음으로 긴 것은 10cm가 넘습니다. 온도가 높은 땅속에 있던 수분이 증기압 차에 의해 위쪽으로 이동하면서 어는데, 세립질 토양에서 발생하기 쉽습니다. 그러면 흙이 위로 솟아오르며 이때 키가 작은 묘목도 함께 들떠 올라서 뿌리가 드러나 말라 죽는 일이 많습니다. 그러므로 서릿발을 막으려면 배수 관리가 먼저이며, 그다음으로는 겨울에 드러난 땅에 유기물 볏짚이나 톱밥, 바크, 우드칩 등으로 멀칭해 발생을 억제해 줍니다.

　이런 현상에 대한 진단 의뢰는 대부분 이미 나무가 갈변하기 시작할 무렵인 4~5월이 되어서야 들어옵니다. 시간이 흐른 뒤에는 서릿발로 인한 것과 과습(배수불량)으로 인한 고사 구별이 어려운데, 대부분 과습 탓만 합니다. 그러기에 앞서 땅을 밟아 보길 권합니다. 특히 작은 묘목일 때에는 더욱 치명적일 수 있으니 비닐 멀칭 속 흙 상태를 꼭 의심해 봐야 합니다. 아무리 독한 서릿발에도 보리밟기하듯 흙을 밟아 주면 나무를 살릴 수 있습니다.

▲ 지난해 가을에 심었다는 에메랄드그린과 고사한 묘목(2021.5. 충북 청주)

설해 雪害, snow damage

눈 오는 소리를 아시나요?

종일 비와 눈이 번갈아 내리더니 늦은 오후부터는 제법 쌓이던 날입니다. 그런데 틱, 탁, 따닥, 딱 같은 소리가 들립니다. 나뭇가지 부러지는 소리입니다.

설해는 나무가 수관에 쌓인 눈 무게를 감당하지 못해 쓰러지거나 가지가 부러지는 일 그리고 눈사태로 매몰되는 일입니다. 국립산림과학원에서는 가지나 잎에 눈이 쌓여 피해를 주는 걸 관설해, 눈에 묻혀 피해를 받는 걸 설압해라고 나눠 부르기도 합니다.

▲▶ 지인이 보내온 눈 내린 등산로 사진(2022.12.13. 충북 청주)

　그런데 여기에 덧붙이고 싶은 이야기는 설해에 취약한 수종이 침엽수라는 점입니다.

　"눈 오는 날 나뭇가지 부러지는 소리 들어 봤어? 그 소리 들으려고 일부러 산에 가기도 했었는데 말이야."

　나이 지긋한 선배님들께 듣던 이야기입니다. 그분들이 말하는 나뭇가지는 소나무 가지만을 뜻하기도 합니다.

▲ 설해로 기울어진 소나무(2012.12. 충북 청주)

사진 속 기울어진 소나무가 눈을 맞아 위태로워 보입니다. 뿌리까지 드러날 정도로 완전히 쓰러졌다면 죽었겠지만, 이 나무는 기울어진 채로 적응해 살고 있습니다.

예전에는 대개 한겨울에 내리는 눈은 상대적으로 건조한 편이고 초겨울과 초봄에 오는 눈은 습한 편이었습니다. 그런데 지금은 온난화 영향으로 건조한 눈이 내리는 일은 드물고 초겨울부터 봄까지 내내 습한 눈이 내리는 편입니다. 당연히 습한 눈이 훨씬 무겁습니다.

습한 눈이 내리는 날, 가지나 잎에 눈이 쌓여서 설해로 이어질 가능성이 크므로 수목을 관리하는 분들은 긴장할 수밖에 없습니다. 지주대나 쇠조임을 미리 설치해 쓰러지지 않게 하거나 속음가지치기를 해서 눈이 잘 쌓이지 않게 예방하는 게 좋습니다. 미처 대비하지 못했다면 쌓이는 눈을 털어 줘야 합니다.

세척제 피해 detergents

이런, 말도 안 되는 피해가?

이 사진 속 살구나무는 제가 수목을 진단하며 처음 만난 세척제 피해 사례였습니다. 정말 아는 만큼 보인다고 했나요. 그 뒤로 세척제 피해 사례가 심심치 않게 보였습니다. 아파트 창문을 청소할 때 흘러 떨어진 산성 세척제가 잎에 닿으면서 잎이 갈변하고 조기낙엽이 발생한 상태였습니다.

세척제로 인한 피해는 급성 약해와 같이 빠른 속도로 나타납니다. 피해가 심하면 침엽수는 잎 끝부분부터 갈변하면서 말라 죽고 활엽수는 갈변이나 조기낙엽으로 미관을 해칩니다.

▲ 세척제으로 인한 피해 살구나무(2012.8. 충북 청주)

봄이 오면 건물 외벽이나 유리창을 청소하는 곳이 많습니다. 보통 고압 세척기로 물에 희석한 세척제를 뿌리는데, 이때 건물 옆에 심은 나무는 튀는 물을 피할 수 없습니다.

건물 청소에는 중성 세척제를 사용하는 게 원칙인데, 산성 세척제를 사용하는 일이 늘어서 조경수 피해도 늘고 있습니다. 산성 세척제를 쓰는 이유는 일의 공정을 줄이고 노동력을 절감하고자 해서입니다. 반드시 중성 세척제를 사용하고 나뭇잎에 튀지 않도록 조심하며, 혹시 튀었다면 빨리 물을 뿌려 씻어 줘야 합니다. 세척제도 당연히 화학물질입니다. 독성이 있다는 사실을 모두 기억하면 좋겠습니다.

◀ 세척제로 인한 잎 갈변과 조기낙엽 현상(2012.8. 충북 청주)

향나무 녹병(Rust) 얘들 보이면 비상입니다.

개나리 가지마름병 증상(영명 없음) 꽃이 예쁘다고 병이 피해 갈까요?

소나무류 잎떨림병(Pine needle cast) 과습(過濕)과 다습(多濕)은 다릅니다.

붉은별무늬병(Cedar apple rust) 아무 데로나 막 튑니다?

철쭉 떡병(Leaf gall) 요즘에는 이런 거 안 물어보십니다.

산수유 두창병(Spot anthracnose) 이렇게 험악한 이름을 붙여야 하나요?

무궁화 검은무늬병(Black leaf spot) 죽지는 않으니 걱정하지 말라고요?

칠엽수 잎마름병(얼룩무늬병)(Leaf blotch) 다짜고짜 약 언제 쳐요?

느티나무 흰별무늬병(Septoria leaf spot) 혼란스러운 잎마름성 병해

중국단풍나무 흰가루병(Powdery mildew) 나무가 죽을 정도로 센 병은 아니래요.

스클레로데리스 가지마름병(Scleroderris canker) 이 병에 주목해야 하는 진짜 이유

은행나무 그을음잎마름병(Margin blight) 태풍이 지나간 이후

호두나무 탄저병(Anthracnose) 매뉴얼이 아쉽습니다.

소나무류 그을음잎마름병(Rhizosphaera needle blight) 원인과 병명, 무엇이 중요한가요?

회화나무 녹병(Gall rust) 나무가 아픔을 견뎌 내는 방식일까요?

사례로 보는 수목진단 이야기

생물적 피해_병해

향나무 녹병 Rust

얘들 보이면 비상입니다.

한식과 청명을 지나는 무렵인 4월 초가 되면 이곳저곳에서 날아드는 산불 소식에 심란합니다. 그러니 봄비를 기다릴 수밖에 없는데요. 또 다른 고민 생깁니다. 바로 비가 오기만을 기다리던 향나무 녹병이 기승을 부리는 시기이기도 해서입니다.

아래 사진에서처럼 향나무에 갑자기 암갈색 돌기인 겨울포자퇴가 잔뜩 부풀어 오릅니다. 잎과 가지에 발생하는데, 큰 피해를 주지는 않으나 종종 굵은 가지를 말라 죽게 합니다.

▲ 향나무 녹병 겨울포자퇴(2022.4. 충북 청주)

향나무 녹병은 이종기생균으로 2~3월에 향나무 잎, 가지 및 줄기에서 암갈색 겨울포자를 만듭니다. 그 상태로 비를 기다리다가 마침내 4월 초가 되어 비가 오면 겨울포자퇴가 부풀면서 오렌지색 젤리 같은 담자포자가 됩니다. 이후 담자포자는 바람을 타고 사과, 배, 명자, 모과 등 장미과 식물로 옮겨 가 어린잎이나 열매에서 붉은별무늬병(녹병)을 일으킵니다. 이렇게 녹병정자와 녹포자 세대를 거치며 중복감염을 일으키고는 6~7월에 만들어진 녹포자가 다시 향나무 잎과 줄기로 옮겨 가 균사로 월동합니다.

아시다시피 장미과 식물은 우리 주변에 널렸습니다. 이 많은 종과 기주교대를 하니 부풀어 오른 겨울포자퇴가 향나무에 보이기 시작한다면 말 그대로 비상입니다. 그런데 의뢰인들, 이종기생균이 어떻고, 겨울포자퇴가 어쩌고, 녹병정자니 기주교대니 설명하면 당최 뭔

▲ 향나무 녹병 겨울포자퇴가 부풀기 전후

▲ 부풀어 오른 겨울포자퇴와 겨울포자

소리인지 모르겠다는 표정입니다. 쉽게 설명하지 못하는 저도 답답하기만 합니다.

지켜보던 우리 팀 막내가 나섭니다.

"그냥 도깨비불처럼 아무 데로나 막 튕겨 다녀요."

재기발랄한 표현이나 그 말을 듣고서야 잘 알겠다는 듯 고개를 끄덕이는 의뢰인이나 참 신기합니다.

서유구(1764~1845)는 농업기술 서적인 『행포지(杏蒲志)』에서 배나무에는 붉은별무늬병이 많이 발생하는데 향나무와 신비한 관계가 있다며 배나무 주위에 향나무를 심는 건 위험하다고 적었습니다. 향나무 녹병이 이처럼 오래전부터 알려졌으며 이미 배나무와의 연관성을 알았다는 점이 놀랍습니다.

▲ 모과나무(2021.5. 충북 청주)와 배나무의 붉은별무늬병(녹병)

개나리 가지마름병 증상 영명 없음

꽃이 예쁘다고 병이 피해 갈까요?

개나리는 꽃이 곱고 번식력도 강해 도로변이나 공원에 많이 심습니다. 잦은 일은 아니지만 만개한 꽃을 기대했다가 아래 사진과 같은 상태가 되어 진단을 의뢰하는 분들이 있습니다. 그런데 원인을 똑 부러지게 진단하기가 어려워 난감합니다. 아직 원인이 밝혀지지 않았기 때문에 완벽한 병명이 아니어서 '증상'이라고 표현했습니다.

▲ 개나리 가지마름병 증상(2016.5. 충북 옥천)

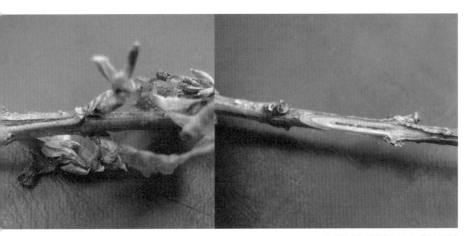

▲ 가지에 남은 병흔(2012.5. 충북 제천)

▲ 개나리 가지마름병 증상 피해 초기(2012.5. 충북 제천)

▲ 무늬개나리. 2014년 5월 피해 초기(위)와 2021년 4월 상태(아래)(청주)

    수년간 관찰한 결과, 이르면 5월부터 일부 가지와 꽃, 싹과 잎이 시들거나 마르며 늦서리로 인한 피해나 위조병과 유사한 증상을 보입니다. 그래서 동해나 만상 피해로 오인하기 쉽습니다.

    위 두 사진은 제가 증상 관찰을 시작한 무늬개나리의 초기와 최근 상태입니다. 가지에 흑갈색 병반이 생기고 6월이 지나도 깨어나지 못하며 해를 거듭하면서 고사 가지가 늘어나 이듬해 개화기에는 꽃을 볼 수 없었습니다.

이러다가 나무가 죽는 게 아닐까 걱정하는 분이 많을 겁니다. 그러나 다행히도 개나리는 줄기 여러 대가 모여 나고 가지가 갈라져 빽빽하게 자라는 생태 특성 때문인지 잘 버팁니다.

개나리는 매우 친숙한 식물입니다. 보호종인 산개나리는 우리나라 전국 산야에 자라는 자생종이기도 합니다. 원예용 개나리와 산개나리를 구별하는 간단한 방법이 있습니다. 원예용 개나리는 줄기나 가지를 엄지와 검지로 잡고 문지르듯 돌려보면 각이 진 걸 알 수 있습니다. 정확하지는 않지만 대략 사각형 같은 느낌이 듭니다. 그런데 산개나리는 각이 없이 매끄러운 원형이라는 걸 느낄 수 있습니다.

▲ 자생하는 산개나리(2021.3.31. 충북 청주)

소나무류 잎떨림병 Pine needle cast
과습(過濕)과 다습(多濕)은 다릅니다.

해충이 원인인 질병은 사실 수목진단과 크게 관련 없을 때가 많습니다. 의뢰인들도 대부분 무슨 벌레 때문인지와 어떤 약을 치면 되는지만 궁금해할 때가 많습니다. 심지어는 원인은 상관없고 어떤 약을 치면 해결되는지만 궁금해하는 분도 많습니다.

반쪽짜리 수목진단이 되지 않으려면 원인을 밝혀야 한다고 늘 당부합니다. 한 예로 〈생물적 피해_충해〉 편에서 다루는 소나무좀 이야기를 들 수 있습니다. 쇠약해진 소나무에서 소나무좀이 발견되었다고 해서 '소나무좀으로 인한 피해'라고 진단하면 반쪽짜리 진단이 되어 버립니다. 그에 앞서 소나무가 쇠약해진 이유를 찾아야 합니다.

병해인 소나무류 잎떨림병도 마찬가지입니다. 물론 싱싱하던 수목도 이 병에 반복 감염되면 고사에 이를 수도 있습니다만 그렇다고 해서 '잎떨림병으로 인한 고사'라고만 진단한다면 개운치 않습니다.

소나무류 잎떨림병은 소나무, 해송, 리기다소나무, 잣나무 등에서 발생합니다. 4~5월에 묵은 잎이 적갈색으로 변하면서 일찍 떨어지기 때문에 새순이나 당년도 잎만 남게 되며, 6~7월에 병든 낙엽과 색이 변한 잎에 1~2mm 크기 타원형 검은색 돌기(자낭반)가 만들어지고 다습해지면 자낭포자가 퍼져 나가 새잎에 침입합니다. 이런 피해를 계속 입으면 수세가 약해지지만 그렇다고 해서 고사에 이르지는 않습니다.

◀ 잎떨림병
피해 포지
(2014.4. 충북 괴산)

◀ 소나무류
잎떨림병 감염
소나무

아래 사진의 두 소나무는 같은 증상으로 소나무류 잎떨림병의 특징은 다습과 밀접합니다. 배수불량 상태가 아니더라도 투광률이 떨어질 만큼 수관 하부에 잔가지가 밀생하고, 묵은 잎들이 수간 하부 지표면을 두껍게 덮고 있다면 발병 확률 높아집니다.

통광과 통풍이 원활하도록 해 주면 이 병에 대한 예방은 일단 성공합니다. 그리고 수간 하부에 가지치기 잔재나 낙엽을 두지 않고 긁어모아 깊이 묻거나 태운다면 더욱 안전합니다. 과습과 다습은 다릅니다. 과습은 토양 중 수분함유량이 너무 많은 상태이고 다습은 공중습도와 연관 있습니다. 특히 잎떨림병은 저온 다습한 환경에서 피해가 큽니다.

▲ 생육상태를 문의해 온 소나무(왼쪽 2019.4. 충북 괴산, 오른쪽 2020.4. 충북 청주)

▲ 잎떨림병 감염 잣나무와 피해 초기와 병징 현미경 사진

▲ 잎떨림병 증상 소나무(2022.4.18. 충북 청주)

대부분 우리는 과습한 토양은 배수불량으로 몰아가고, 나아가 당연히 다습한 환경에 끼워 넣습니다. 크게 틀린 건 아닙니다. 그러나 수목진단에서 이런 조건들만을 찾는다면 근본적인 원인을 찾기는 어렵습니다. 토양 상태만 살피지 말고 늘 안개가 끼는 지역은 아닌지 포지의 조건이나 관리 상태는 어떤지 등 다습한 조건, 공중습도도 함께 고려하길 바랍니다.

붉은별무늬병 Cedar apple rust

아무 데로나 막 튐니다?

봄비가 내렸습니다. 아니나 다를까 아래와 같은 사진들이 날아듭니다. 앞서 향나무 녹병을 소개하면서 "아무 데로나 막 튕겨 다녀요."라는 표현을 꺼냈는데 그 '아무 데'에 생기는 병이 바로 붉은별무늬병입니다. 그 '아무 데'는 장미과 식물을 뜻합니다.

▼ 노간주나무에 발생한 향나무 녹병 겨울포자퇴(2022.4.26. 충북 청주)

▲ 명자나무 붉은별무늬병 피해 초기 병반
(2016.6. 충북 청주)

▲ 명자나무 붉은별무늬병 초기 병징

붉은별무늬병 발병 수목은 명자나무, 모과나무, 배나무, 산사나무, 사과나무, 팥배나무, 콩배나무 등 무수히 많습니다. 향나무와 장미과 수목을 넘나들면서 향나무에 있을 때는 향나무 녹병, 장미과 식물로 옮겨 와서는 붉은별무늬병이라 불립니다.

4월부터 향나무에서 날아온 담자포자(겨울포자가 발아해 형성한 포자)가 장미과 식물 잎에 정착해 있다가 5월 상순이 되면 초기 증세를 보입니다. 잎 윗면에 지름 2~5mm 노란색 원형 병반이 생기고 병반 위에 작은 흑갈색 점(녹병정자기)이 나타나며, 여기에서 끈적끈적한 덩이(녹병정자)가 흘러나옵니다. 5월 중순부터 6월 하순까지는 병반 뒷면에 크기 5mm 정도인 털 모양 돌기(녹포자기)가 무리 지어 나타나고, 여기에서 노란색 가루(녹포자)가 터져 나오는데, 이런 현상이 심해지면 잎이 일찍 떨어집니다.

▲ 붉은별무늬병 중기의 병반과 병반 뒷면의 녹포자기

　　요즘 나오는 병해 관련 책에서는 향나무 녹병과 붉은별무늬병을 묶어서 설명할 때가 많습니다. 그러면서 향나무 주변에는 장미과 식물을 심지 않는 게 좋다고 설명합니다. 그런데 불과 15, 16년 전까지만 해도 향나무를 베어 버려야 한다는 과격한 설명도 있었습니다. 배나무나 사과나무를 중요하게 여기는 이에게는 향나무가 죽일 놈일 수 있겠으나 산림이나 임업 분야에서는 그와 반대일 수 있습니다. 경제적 가치를 어느 쪽에 두느냐에 따라 시각이 달라지나 봅니다.

철쭉 떡병 Leaf gall

요즘에는 이런 거 안 물어보십니다.

아래 사진에서 만개한 영산홍은 우리 집 화단에서 5월 1일에 찍은 것이고 다른 하나는 다른 곳에서 5월 10일에 찍은 겁니다. 열흘 차이인데 그 사이 꽃이 많이 졌습니다.

　조선시대 인조는 영산홍을 특별히 좋아했답니다. 중신들은 인조가 꽃을 즐기느라 정사에 소홀할까 염려해 궁 안에 있는 영산홍을 모두 베어 내기도 했답니다. 영산홍은 일찍이 세종 때 일본에서 들어왔다 하고 진달래와 철쭉 사이에 꽃 피는 화려한 꽃나무로 알려졌습니다. 같은 과에 속하는 진달래는 단일품종이지만 영산홍을 비롯한 철쭉류는 품종이 무척 다양합니다. 역사도 길고 품종도 다양하니 그만큼 친숙합니다.

▲ 영산홍(2022.5.1. 충북 청주)　　　　▲ 영산홍(2022.5.10. 충북 청주)

▲ 어린잎과 새순에 나타나는 떡병 증상(2022.5.10. 충북 청주)

떡병 증상은 꽃이 지고 나야 보이기 시작한다고 오해들 하십니다. 그러나 숨은그림찾기를 하듯 꼼꼼하게 어린잎과 새순, 꽃망울 등을 살피기 전에는 눈에 잘 띄지 않습니다. 이름처럼 잎과 새순이 마치 떡처럼 부풀어 올라 기형적으로 변하는데, 4~5월에 비가 많이 오거나 통풍이 잘 안 되는 곳에서 자라는 나무에서 심합니다. 반대로 봄에 가물거나 햇빛이 잘 드는 곳에 심은 나무에서는 거의 발생하지 않습니다.

5월과 6월 즉 떡병 초기와 후기의 크기나 모양, 색상이 다릅니다. 처음에는 담녹색이나 분홍색을 띠다가 시간이 흐르면서 흰색 가루

▼ 떡병 초기와 후기

▲ 새순에 나타난 증상(2022.5.10. 충북 청주)   ▲ 후기인 6월 증상(2016.6. 충북 충주)

(담자포자층, 담자포자, 분생포자)로 뒤덮이고 포자가 주변 건강한 잎으로 퍼지면서 흑갈색으로 변합니다.

　이런 결과로 나무가 크게 해를 입지는 않습니다. 다만 미관을 해칠 뿐입니다. 그래서인지 크게 주목받지는 못하는데 그래도 병은 병입니다. 이왕 알게 되었고 관심을 두었다면 흰 가루로 뒤덮이기 전에 손쓰는 게 좋습니다. 보이는 족족 따 내는 겁니다.

　이 병에 대한 가장 최근 진단사례는 2018년입니다. 그 뒤로는 이 병에 대해 질문이나 진단의뢰를 받은 적이 없습니다. 그래서 "요즘에는 이런 거 안 물어보십니다."라고 했습니다.

▼ 잠깐만에 따 낸 떡병 증상 잎들

산수유 두창병 Spot anthracnose

이렇게 험악한 이름을 붙여야 하나요?

두창(痘瘡)은 천연두(天然痘)를 말합니다. 바이러스 감염으로 발생하는 급성 발진성 질환으로 사망률이 매우 높은데, 1979년에 전 세계에서 사라진 질병으로 선언했다가 생물학적 테러 무기화 가능성과 원숭이두창이 화제가 되면서 다시 관심을 끌고 있습니다.

　산수유 두창은 병원균(*Elsinoe corni*)은 밝혀졌고 영명도 있지만 아직 국명은 확정되지 않은 가칭입니다. 그런데 두창의 공포에 비하면 가칭 산수유 두창병이라는 이름이 너무 지나치다는 생각이 듭니다.

▼ 잎에 병반이 발생한 산수유(2022.5.19. 충북 청주)　　　▼ 두창병의 병징(2022.5.19. 충북 청주)

위험성이 그 정도는 아니지 않나요? 수목 병명에 동고병(胴枯病)이나 역병(疫病)처럼 험한 병명을 여전히 쓰는데 조금씩 순화해야 할 때가 된 것 같습니다.

여러 수목 병해충 관련 책에서 산수유 두창병을 설명하는 내용은 비슷합니다. 성목에서는 수세에 큰 영향을 미치지 않지만 묘목에서는 생장을 크게 저하한다고 설명합니다. 어떻게 나무에 위협이 되는지에 대한 설명이 부족하고, 두창병에 견줄 만한 위협으로도 느껴지지 않습니다.

그런가 하면 증상에 대한 설명은 비슷합니다. 이른 봄에 어린잎에서 갈색 원형 병반이 많이 나타나며, 병반 중앙부가 하얗게 변하다가 부서져서 구멍이 나고, 병반은 주로 잎맥 주변에서 발생하는데 주맥으로 침입하면 잎이 오그라들면서 기형이 된다고 합니다. 또한 잎자루와 어린 가지에도 나타나는데 그 결과는 부풀어 오르다가 표면이 거칠어진다는 설명입니다.

병원균은 병든 잎, 가지, 눈 등에서 월동하고 봄에 분생포자를 만드는데, 봄에 빗물이 떨어질 때 빗방울이 튀어 분생포자가 다른 나무로 전파되며 병을 일으킵니다. 그래서 봄철에 비가 자주 오는 해에 많이 발생한다는 점을 특징으로 볼 수 있습니다. 제가 관찰한 바로는 산수유뿐만 아니라 층층나무, 말채나무, 산딸나무 등에서도 발생하는 듯합니다.

병원균의 생활사를 알고 있다면 방제방법을 찾는 게 어렵지 않습니다. 생활사에서 가장 약한 연결고리를 끊어 내면 됩니다. 그러니 수목의 병든 잎과 가지, 땅에 떨어진 잎을 땅속에 묻거나 태워서 월동 전염원을 제거해 주는 게 가장 손쉬운 방법일 듯합니다.

무궁화 검은무늬병 Black leaf spot

죽지는 않으니 걱정하지 말라고요?

출근 시간에 맞춰 방문한 의뢰인이 따 온 무궁화 잎은 이미 시들었습니다. 무궁화 검은무늬병 증상을 보이는 잎이었습니다. 우선은 급한 대로 격리 조치하고 증상이 보이는 잎은 따 주라고 했습니다. 병에 걸린 무궁화는 전시를 준비하고 있는 무궁화 화분에서 발생했기에 우선 격리하라고 한 겁니다.

"이거, 한두 개가 아닌데요."

▼ 의뢰인이 따 온 무궁화 잎(2022.5.19. 충북 청주)

이튿날 의뢰인은 또 잎을 따 왔습니다. 발병 원인을 찾고자 의뢰인이 관리하는 방법에 대해 장구한 설명을 들어야만 했습니다. 무궁화에 발생하는 엇비슷한 증상들, 점무늬병이나 탄저병과는 어떻게 다른지를 덤으로 설명하는 데에도 꽤 많은 시간을 할애해야 했습니다.

결론은 분갈이에 사용하는 토양에서 힌트를 얻었고 문제를 찾았습니다. 의뢰인이 가져온 화분 속 흙은 수분을 잘 머금는 특징이 있었습니다. 화분은 인위적으로 관리되고 과습이라는 불량한 환경이 조성되기 쉽습니다. 그러면 자연스럽게 병이 올 확률이 높아집니다. 수목의 상태나 쇠약의 원인은 관리하는 분이 더 잘 압니다. 저는 그저 이야기를 들어주고 의뢰인이 스스로 답을 찾아 나가는 모습을 지켜볼 뿐입니다.

▼ 다음 날 또 가지고 온 무궁화 잎(2022.5.20. 충북 청주)

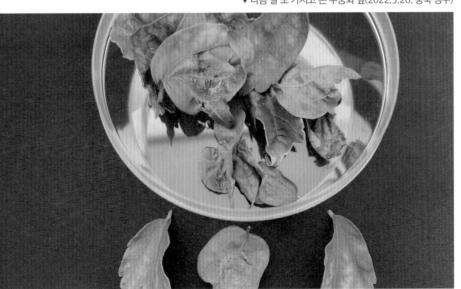

수목 병해충 관련 책에서 무궁화 검은무늬병에 대한 설명은 비슷합니다. 4~5월부터 무궁화 잎에 나타나는 대표적인 병해로 온실에서는 연중 발생하고 노지에서는 장마철에 심하며, 잎에 원형 또는 부정형 반점이 생기는데, 병반이 크게 합쳐지거나 진전되면 병반 내부가 찢어지고 잎이 마른다고 합니다. 그러면서 빼놓지 않는 말이 있습니다. "죽지는 않으나 미관상 좋지 않다."입니다.

이처럼 "이 병으로 인해 죽지는 않으나" 또는 "피해는 크지 않으나" 같은 설명을 보면 마음이 답답합니다. 죽지는 않으니 걱정하지 말라는 뜻인가요? 이것이 사실을 설명했다고 할지라도 수목의 질병을 대수롭지 않게 여기는 풍토를 만들지 않을까 염려됩니다.

의뢰인이 나무가 어떤 환경에서 자라고 있는지 왜 질병에 걸렸는지에는 관심 없고 다짜고짜 "그래서 어떤 약을 치면 되는 거냐?"고 물을 때나 심지어는 "이참에 그거 없애고 다른 심을 만한 거 없을까?"라고 물을 땐 너무 속상합니다.

▼ 무궁화원 조성 포지(2022.5.24. 충북 청주)

수목진단을 의뢰받았을 때 상황을 일반화하는 것도 걱정됩니다. 수목을 관리하는 분들은 "비가 잦으면 병이 유행하고 가물면 해충이 유행한다."는 말을 잘 압니다. 그와 같은 대전제들이 있다 보니 병에 걸린 나무가 어떤 여건에서 지내는지를 파악하지 않고 지금이 어떤 시기인지, 가물었는지 아닌지 등을 먼저 고려하고 원인을 그 때문이라고 설명하는 일이 많습니다. 나무는 노지나 포지, 화분에서 자랄 수도 있고, 관리방법도 제각각일 텐데 꼼꼼히 살피고 듣는 일에 인색합니다.

　　병증이나 약제 처방을 알려 주는 자료는 많습니다. 그 병이 발생한 원인을 찾고 관리자의 심정이 어떤지를 헤아려야 합니다. 무궁화를 잘 가꾸고 꽃을 피워 전시하려고 애지중지 키우던 의뢰인에게 "이런 병으로 죽지는 않으니 걱정하지 마세요."라고 했다면 의뢰인의 심정은 어땠을까요?

▼ 무궁화 화분

칠엽수 잎마름병 얼룩무늬병 Leaf blotch

다짜고짜 약 언제 쳐요?

"약 언제 쳐요?"

가시칠엽수 사진을 찍어 보내온 의뢰인이 물었습니다.

수목진단에 나서는 사람들이 가장 많이 듣는 질문 중 하나입니다. 이 말이 내포하는 의미는 협소합니다. 약을 언제 치냐는 말에는 무슨 병, 무슨 해충 때문인지는 궁금하지 않다는 뜻이 들어 있기 때문입니다. 수목진단을 업으로 삼고 있다는 것에 회의감이 들기도 하지만 답은 해 줍니다.

▼ 의뢰인이 보내온 가시칠엽수 사진(2022.6.20 충북 청주)

▲ 현장을 찾아가 살펴본 가시칠엽수 잎(2022.6.20. 충북 청주)

"해충은 눈에 보일 때, 병은 발생 시기 직전에요."

그런데 의뢰인들 대부분은 때를 놓치고 나서 찾아옵니다. 그러면 상태를 봐야 합니다. 병인지 해충 때문인지도 따져봐야 하지만 그보다 중요한 건 생육 환경입니다. 어떤 환경적 요인과 변화로 이런 상태에 이르렀는지를 살펴야 정확히 진단할 수 있습니다.

그런데 사진을 보니 나무가 멀쩡합니다. 가만? 혹시 의뢰인은 해마다 반복되는 칠엽수의 잎마름병을 예방하려고 미리 물어온 건 아닐까? 내가 너무 속 좁게 생각했나 싶어서 현장에 나가 봤습니다. 언뜻 멀쩡하게 보였던 가시칠엽수에 잎마름병 증상이 비치기 시작했습니다.

칠엽수에 대표적으로 나타나는 병해인 잎마름병(얼룩무늬병)은 잎 가장자리가 누렇게 변하고 건강한 부위와 뚜렷한 경계를 이루며 수세를 약화시킵니다. 병원균은 낙엽 조직에서 미성숙한 자낭각으로 월동하고 봄에 성숙하며, 새잎이 날 때 비가 오면 자낭각에서 방출된 자낭포자가 1차 감염을 일으킵니다. 1차 감염으로 인해 생긴 병반 위에는 분생포자각들이 생기는데 그 안에 있던 분생포자들이 빗물에 의해 주변 나무로 퍼지면서 2차 감염을 일으킵니다. 그래서 봄여름에 비가 많이 오는 해에 많이 발생합니다.

자낭포자니 분생포자니 어려운 말들이 있지만 핵심은 '새잎이 날 때'와 '빗물에 의해'입니다. 의뢰인에게 약 치는 시기를 다시 이릅니다.

"잎 날 때 치세요. 비 오기 전에 치셔도 좋고요."

얼핏 들으면 놀리는 듯한 처방처럼 보일 테지만. 병원균의 생활환에서 가장 약한 고리를 끊어 내는 시기를 고려한 겁니다. 잎이 날 때는 예방 약제를 치는 거고요.

▼ 칠엽수 얼룩무늬병 피해 중기(왼쪽)과 후기(오른쪽)(2016. 충북 청주)

◀ 칠엽수
얼룩무늬병 피해
(2016.6. 충북 청주)

◀ 칠엽수
얼룩무늬병 피해
(2016.8. 충북 청주)

▲ 느티나무 잎마름성 피해(2015.6. 충북 음성)

느티나무 흰별무늬병 Septoria leaf spot

혼란스러운 잎마름성 병해

느티나무에 나타나는 대표적인 잎마름성 병해로는 흰별무늬병과
흰무늬병을 꼽을 수 있습니다. 이름이 엇비슷한데, 각각 영어명은
Septoria leaf spot, Leaf spot입니다. 그런데 느티나무에 나타나는
잎마름성 병해를 이야기할 때마다 헷갈리기도 하고 조심스럽기도
합니다. 과연 무엇 때문인지 참고문헌의 내용들을 짚으며 살펴보겠
습니다.

   위 사진의 왕성하게 자란 느티나무를 진단한 결과 흰별무늬병이
었습니다. 진단 결과를 뒷받침해 주는 자료들을 들춰 봐도 수긍할
만합니다.

▲ 느티나무 잎 윗면에 나타난 흰별무늬병 병징(2015.6. 충북 음성)

"흰별무늬병은 장마 이후부터 가을에 걸쳐 주로 어린나무에서 발병하며, 큰 나무에서는 지면 가까운 잎이나 맹아지에서 발생하는 경우가 많다."(『나무 병해충 도감』)

근거 없이 "장마기 이후부터"라는 단서를 달지는 않았을 텐데 다른 책에서는 이런 언급을 찾지 못했습니다.

그렇다면 헷갈리는 병인 흰무늬병에 대한 발생 시기를 밝힌 자료를 찾아봐야겠지요.

"흰무늬병은 1940년 「조선실용임업편람」에 간략한 피해 및 동정 보고는 있으나 구체적인 연구기록은 없다. 7월경부터 관찰되며 심하면 9월 초순에 잎이 말리면서 떨어져 나무가 엉성해진다."(「한국조경수협회 학술논문(김경희, 2013)」)

굳이 이 자료를 소개하는 이유는 여느 도감도 구체적인 발병 시기를 밝히지 않는데, 여기에서는 7월이라고 시기를 밝혔기 때문입니다.

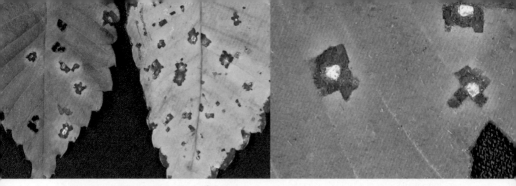

▲ 느티나무 흰별무늬병 병징(2015.6. 충북 음성)

　다시 원위치로 왔으니 흰별무늬병에 대한 병징 설명을 더 살펴보겠습니다.

　"5~6월부터 잎에 작은 갈색 반점이 다수 나타나며 점차 확대되어 잎맥에 둘러싸인 흑갈색 불규칙한 다각형 병반이 되고, 병반 중앙부는 회백색이 된다. 병반 앞뒷면에는 작은 흑갈색 점(분생포자각)이 나타나며, 다습하면 유백색 분생포자덩이가 솟아오른다."(『나무 병해충 도감』)

　이제 109쪽 위의 사진을 보겠습니다. 느티나무 잎마름성 병해로 봐야 할까요? 두 병은 초기 발병 시기에 대한 구분이 명확하지 않으므로 이 사진을 보면 헷갈리는 게 당연합니다. 지면에서 가까운 수관 하부의 잎에서부터 발생한 건 분명해 보이나 흰별무늬병 병징으로는 보이지 않으며 그렇다고 흰무늬병 병징도 아닌 것 같습니다.

　109쪽 아래의 사진에서 고민의 방향은 또 바뀝니다. 다음 참고문헌 세 가지를 살펴봅니다.

　"흰별무늬병은 일반적으로 조기낙엽을 일으킬 정도의 피해는 주지 않지만 묘목에서는 생장저하를 일으킬 수 있다."(『한국조경수협회 학술논문(김경희, 2013)』)

▲ 느티나무 잎마름 증상(2022.6.20. 충북 청주)   ▲ 느티나무의 하부 잎(2022.6.20. 충북 청주)

"흰별무늬병으로 인해 조기낙엽이 되지는 않으나 병이 심한 묘목은 성장이 크게 저하된다."(산림청 홈페이지)

"흰무늬병이 묘목에 발생했을 때는 조기낙엽을 초래해 묘목 생장을 크게 저해한다."(『생활권 수목 병해도감』)

앞선 두 가지 설명은 느티나무 흰별무늬병과 조기낙엽의 연결 가능성을 차단하는데, 여기에 세 번째 설명을 고려하면 조기낙엽을 발생시키는 것은 흰무늬병에 더 가깝습니다.

◀ 느티나무
조기낙엽 현상
(2022.6.20.
충북 청주)

그런데 아래 두 사진을 보면 이제껏 느티나무의 잎마름성 병해를 놓고 설왕설래했던 내용의 입지가 좁아집니다. "수관 하부의 잎부터 반점이 발생하고 점차 확대되면서 갈변해 조기낙엽 현상을 보이는 병해"라고까지 구체화했건만 이 느티나무들의 증세에는 해당하지 않습니다. 이 나무들은 위쪽 일부 가지에서만 발생했는데, 이러면 대체 무슨 병해라 해야 할까요?

꼭 느티나무만 그렇지는 않을 겁니다. 고온 건조한 시기에 잎마름 현상을 병해와 연결해 보려는 가설은 힘만 빠지게 합니다.

▼ 조기낙엽 가지(2022.6.20. 충북 청주)

중국단풍나무 흰가루병 Powdery mildew
나무가 죽을 정도로 센 병은 아니래요.

흰가루병은 잎에 하얀 가루 같은 분생포자가 반점 형태로 생기는 병입니다. 단풍나무를 비롯해 배롱나무, 가중나무, 상수리나무 등 워낙 많은 나무에서 발생하기 때문에 일일이 다 열거하기도 어렵습니다. 나무에 따라서 '나무이름 + 흰가루병'이라고 부르면 됩니다.

　수목뿐 아니라 작물에서도 많이 발생하며 밀식되어 통풍이 불량하거나 그늘지고 습한 곳에서 많이 발생합니다. 수목에서 흰가루병을 일으키는 병원균이 20여 종 밝혀졌지만 아직 원인균이 알려지지 않은 경우도 많습니다. 중국단풍나무 흰가루병도 아직 병원균이 밝혀지지 않았습니다.

▼ 흰가루병 발생 중국단풍나무(2022.6.28. 충북 청주)

▲ 상수리나무 흰가루병 병징　　　　　　　　▲ 가중나무 흰가루병 병징

▲ 라일락 흰가루병 병징　　　　　　　　▲ 중국단풍나무 흰가루병 병징

　수종에 상관없이 일반적인 증세로는 흰색이나 회색 점무늬, 가루 같은 곰팡이가 잎 윗면에 나타나고 또한 잎 아랫면, 싹과 줄기, 꽃과 열매에도 발생합니다. 감염 후기에는 잎에 작고 흰 반점 모양 균총(균사와 분생포자 무리)이 발생하고 더 확산하면서 잎 전체에 밀가루를 뿌린 것처럼 변합니다. 큰 나무라면 생육에 크게 영향받지 않지만 꽃이 피지 않거나 꽃이 피더라도 일찍 시들어 미관을 해칩니다.

▲ 흰가루병 피해 중국단풍나무(2022.6.28 충북 청주)   ▲ 흰가루병 피해 배롱나무(2015.7. 충북 옥천)

배롱나무 흰가루병은 배롱나무에 발생하는 가장 큰 병해이며 병원균은 *Uncinula australiana*로 알려졌습니다. 요즘은 충청권을 비롯한 중부권에서도 남부 수종인 배롱나무를 무척 많이 심었는데, 중부권의 기후조건과 안 맞아서 그럴까요? 중부권 이남에서는 화려한 자태를 뽐내던 나무들이 중부권으로 올라와서는 맥을 못 춥니다. 거기엔 이 흰가루병도 한몫하는 느낌입니다.

배롱나무 흰가루병을 비롯한 대부분 흰가루병은 양분탈취, 광합성 감소, 호흡 및 증산 증가, 생장 불균일, 꽃 수량 감소 같은 영향을 미치지만 기주식물을 고사시키지는 않는다고 알려졌습니다. 그런데 중국단풍나무 흰가루병은 초가을에 어린 가지를 말라 죽게 하는 점이 특징입니다.

중부권에는 중국단풍나무도 가로수로 심은 지역이 많습니다. 거창하게 기후변화를 언급하고 싶지는 않습니다. 최소한 남부나 북부에 적합한 종을 가려 심기만이라도 하면 좋겠습니다.

스클레로데리스 가지마름병 Scleroderris canker
이 병에 주목해야 하는 진짜 이유

소나무류에 나타나는 가지마름병은 *Gremmeniella abietina*라는 자
낭균과 *Brunchorstia pinea*라는 불완전균의 분생포자에 의해 일어
납니다. 여기 두 사진은 전형적인 스클레로데리스 가지마름병 병징
을 보여 줍니다.

▲ 스트로브잣나무 집단 고사지(2018.7.30. 충북 제천)

▼ 도로변 잣나무 고사목(2018.10. 충북 청주)

115

▲ 잣나무. 스클레로데리스 가지마름병 병징(2018. 8월과 10월. 충북 청주)

　이 병이 우리나라에서 처음 발견된 건 2007년 봄이고 이 병에 대해 설명한 건 서울대학교 출판문화원에서 펴낸 『조경수 병해충 도감』이 유일합니다. 아직 국내에서 나온 다른 책에서는 이 병에 대한 설명을 찾을 수 없습니다.

　이 책의 설명에 따르면 "가지 끝에서부터 잎이 갈변하면서 빠르게 나무의 잎 전부가 말라 죽으며, 초기에는 감염된 잎 아랫부분이 갈변하다가 나중에는 잎 전체가 갈변하면서 밑으로 처지고, 감염된 잎과 가지는 대부분 이듬해 봄에 말라 죽는다."고 합니다.

　잎과 잎이 떨어져 나간 가지의 엽흔 밑에는 까만 균체(분생포자각)가 나타납니다. 그리고 가지와 어린 줄기 표면에도 표피를 뚫고 까만 반구형 돌기(분생포자각)들이 무리 지어 나타나는데, 병원균은 여기에서 월동한 뒤에 이듬해 봄여름 비가 많이 올 때 분출되어 햇가지의 눈과 잎을 감염시킵니다.

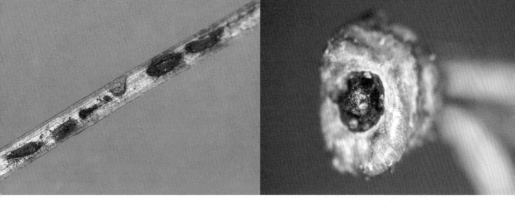

▲ 잣나무. 감염된 잎과 엽축에 검게 형성된 분생포자각(2018.10. 충북 청주)

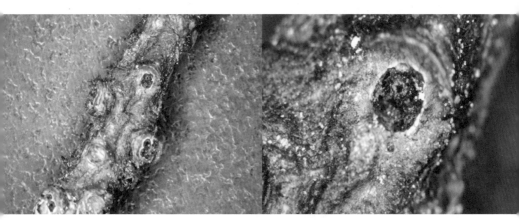

▲ 잣나무. 어린 가지의 엽흔에 형성된 분생포자각(2018.10. 충북 청주)

▲ 소나무에 나타난 병징(2018.10. 충북 제천)

▲ 잣나무와 스트로브잣나무 하부 가지부터 갈변(2018.8. 충북 영동)

이 병의 피해 증상은 수종과 관계없이 하부 가지부터 갈변하면서 점차 위로 진전되는 공통점을 보입니다. 그렇다면 소나무재선충병 피해 증상은 어떤가요? 피해 부위부터 갈변하나요? 간혹 잣나무를 예로 들면서 그렇다고들 합니다만, 정말 그렇던가요? 임업진흥원을 비롯한 산림청의 소나무재선충병 피해 증상 자료들을 아무리 찾아봐도 그렇다는 내용은 없습니다.

그래서 답답한 마음에 잣나무에 나타나는 소나무재선충병의 특성을 재구성해 봤습니다. 잎이 우산살 모양으로 갈변해 아래로 처지는 증상은 소나무와 같습니다. 후기에는 전신 감염증세를 보이지만 소나무나 해송과 달리 감염 초기에는 정상인 잎이 부분적으로 관찰되는 등 발병 속도가 지연될 때도 있습니다. 따라서 먼 거리에서 봤을 때 최상부만 붉게 고사한 잣나무 역시 감염을 의심해야 합니다.

▲ 상부만 갈변한 잣나무(2020.1. 충북 제천)

▲ 잣나무 스클레로데리스 가지마름병 피해지 확인(2018.10. 충북 청주)

상부만 갈변한 119쪽의 잣나무 사진은 2020년 소나무재선충병 감염을 확인한 잣나무입니다. 앞서 재구성한 설명을 이해하는 데에 도움이 될까 싶어 보여 드리는 것으로 핵심은 '먼 거리에서 관찰할 때 최상부만 붉게 고사한 잣나무 역시 감염을 의심해야 한다'입니다. 즉 소나무재선충병 피해 증상의 특징은 상부부터 갈변해 밑으로 내려온다는 점을 강조한 겁니다.

제가 문제로 제기하고 주목하는 건 2018년에 스클레로데리스 가지마름병 감염 사례 대부분이 재선충병 발생지 심지어는 재선충병 발생목에서도 함께 나타나는 점을 확인했기 때문입니다.

은행나무 그을음잎마름병 Margin blight
태풍이 지나간 이후

여름철 도로변에서 잎이 누렇게 변한 은행나무가 보입니다. 은행나무 그을음잎마름병이나 잎마름병일 가능성이 큽니다.

　병해충 관련 책에서는 은행나무 그을음잎마름병 발생 초기에는 잎 가장자리에 엷은 갈색 병반이 생기고 점차 확대하면서 담갈색 띠가 형성되며 병반 뒷면에는 분생자병(회갈색 소립점)이 생긴다고 합니다. 그러면서 병든 잎은 가장자리부터 갈색으로 마르며, 병반 주위는 담갈색으로 퇴색하는데, 병이 깊어지면 병반 위에 작고 검은 점(분생포자좌)이 나타난다고 설명합니다.

▲ 도로변 은행나무(2022.8.15. 충북 보은)

그을음잎마름병의 병원균은 *Gonatobotryum apiculatum*으로 여름철부터 발생해 9월 이후 급격히 확산하고 병든 잎은 일찍 떨어지는데, 이 점은 은행나무 잎마름병이나 소나무 그을음병 특징과 비슷합니다. 다음 사진들이 이런 설명을 뒷받침합니다.

　　은행나무 그을음잎마름병이나 잎마름병은 여름에 발생해 9월 이후에 급격히 확산하고 병든 잎이 일찍 떨어지는 게 특징입니다. 따라서 장마나 태풍이 지나간 뒤에 방제해야 효과적이고 거름을 주며 돌보는 데에 중점을 두어야 합니다.

▼ 은행나무 그을음잎마름병 피해 잎(2014.10. 충북 옥천)

▲ 은행나무 그을음잎마름병 병징인 그을음 모양 분생포자좌

　'태풍이 지나간 이후'의 중요성은 수목을 관리하는 분이라면 무수히 듣는 이야기이겠지요. 운전하며 스치듯 본 은행나무(121쪽 사진)라 정확한 병명이나 피해 원인은 확인하지 못했지만, 우리 생활권에서 자라는 은행나무 특히 가로수에서 발생하는 그을음잎마름병이나 잎마름병 대부분은 겨울철 염화칼슘 피해 같은 환경 영향과 맞물려 복합적으로 발생합니다.

▲ 탄저병 피해 의심 호두나무(2016.7. 충북 영동)

호두나무 탄저병 Anthracnose

매뉴얼이 아쉽습니다.

호두나무 탄저병은 호두나무 재배 농가 진단 의뢰 중에 절반 이상을 차지할 정도로 많이 발생합니다. 과습이나 동해 등 엉뚱한 쪽에서 진단을 시작하더라도 호두나무 탄저병을 거론하지 않을 때가 드뭅니다. 그만큼 호두나무 재배 농가에서는 민감한 병해입니다.

그런데 아쉬운 점이 있습니다. 시중에서 구해 볼 수 있는 병해충 관련 책에서는 호두나무 탄저병 관리 매뉴얼을 찾아볼 수 없습니다. 한국임업진흥원에서 발행한 자료집『알기 쉬운 호두나무 재배·관리

▲ 호두나무 잎에 나타나는 탄저병 피해 병징(2016.7. 충북 영동)

매뉴얼』에서 다루고, 산림청 홈페이지의 호두나무 갈색썩음병이나 탄저병 「예찰 및 방제 요령」에서도 다루나 앞엣것은 비매품이고 뒤엣것은 붙임 문서입니다. 그러니 농부들이 손쉽게 구해 보기 어렵습니다.

그런 자료에 따르면 "5월 말부터 잎에 회갈색 병반이 형성되기 시작하며 심하면 잎이 기형으로 변하고 잎 전체가 검게 변해 떨어진다."고 합니다. 콕 찍어 5월 말이라고 하니 참 신경 쓰이는데요. 잘 알려진 동백나무 탄저병, 버즘나무 탄저병, 사철나무 탄저병, 오동나무 탄저병 등 비슷한 증상에서 이른 봄 새잎이 날 때 발병하는 버즘나무 탄저병을 제외한 나머지의 방제시기를 6월 이후로 잡는 점을 근거로 추정해 보면 발병 시기가 얼추 맞는 듯합니다.

한국임업진흥원 자료집에서는 "호두나무 탄저병 병원균은 병든 잎이나 땅속에서 월동하고 이듬해 바람, 빗물, 곤충 등에 의해 전파된다. 잎에 발생한 병원균이 과실로 전파되면서 피해가 증가하며, 저장 중인 과실에도 발생 및 확산할 수 있다. 병원균은 비가 올 때 다량이 전파되고, 다습한 조건에서 활동이 왕성해 나무 전체를 감염시킨다."고 설명합니다.

산림청 홈페이지에서는 "비교적 따뜻하고 습한 지역에서 잘 발생하며 주로 잎과 엽병(葉柄) 및 연한 연지(緣枝)를 침해한다. 병든 잎과 가지는 기형으로 뒤틀리면서 일찍 떨어지므로 생장이 저하되어 묘목 생산에 지장을 초래한다."고 설명합니다.

▼ 탄저병 의심 호두나무 열매(2020.6. 충북 괴산)　　▼ 탄저병 피해 호두나무 열매(2016.7. 충북 영동)

즉, 호두나무 탄저병 피해는 개화 이후부터 9월까지의 강우량과 다습한 기간이 얼마나 긴지에 따라 크게 영향을 받습니다. 방제방법(약종)을 묻는 분이 많은데, 농약 사용 정보는 〈농촌진흥청 농약안전정보시스템(psis.rda.go.kr)〉을 참고하길 권합니다.

참고로 이 사진의 줄기 상태는 호두나무 갈색썩음병 증상에서도 볼 수 있습니다. 호두나무 탄저병 발생 및 피해 부위에는 잎, 열매, 가지가 분명히 포함되며, 방제 요령에서도 기형이 된 가지나 줄기 처리를 당부하니, 줄기 상태 점검도 놓치지 말아야겠습니다.

▼ 호두나무 줄기의 상처(2020.6. 충북 괴산)

소나무류 그을음잎마름병

Rhizosphaera needle blight

아래 사진 두 장 속 나무는 연도가 다른데 같은 증상을 보입니다. 해마다 같은 증상이 반복된다는 뜻입니다. 이제 129쪽의 두 사진, 의뢰인이 보내온 소나무 잎과 소나무 그을음잎마름병 증상이 나타난 소나무 잎을 비교해 보시기 바랍니다. 다른 듯 같은 증상입니다.

▲ 의뢰인이 보내온 소나무 사진(2022.5.29. 충북 청주)

▼ 전년도에 의뢰인이 보내왔던 같은 소나무 사진(2021.5.19. 충북 청주)

▲ 문제의 소나무 잎(2021.5.20. 충북 청주)　　▲ 소나무 그을음잎마름병 증상 소나무 잎
(2019.10. 충북 청주)

　국립산림과학원에서 가장 최근에 펴낸 『생활권 수목 병해도감』에서는 "당년생 잎끝 부분이 적갈색으로 변하고 침엽의 1/3~2/3까지 확대되며 건전부와 뚜렷하게 구분된다. 병든 부위는 회갈색이나 회색으로 지저분하게 변하고, 변색부에는 작은 구형 돌기가 기공을 따라 줄지어 형성되며 낙엽이 된다. 이른 봄 생장 개시기 전후에 너무 습하거나 건조해 뿌리발달이 불량할 때나 아황산가스 등 대기오염물질의 피해를 받을 때 피해가 심하다."고 설명합니다. 그런데 어딘가 허전합니다.

　〈자연과생태〉에서 펴낸 『나무 병해충 도감』에서는 "뿌리발달이 불량하거나 수관이 과밀할 때 주로 발생하며, 대기 중 아황산가스 등 농도가 높을 때 피해가 심하다."라고 설명합니다. 별반 다르지 않아 보입니다. 그러나 『생활권 수목 병해도감』에서는 뿌리발달 불량의 원인을 짚어 주는 데에 반해 『나무 병해충 도감』에서는 단순히

▲ 문제의 소나무(2021.5.20. 충북 청주)

뿌리발달 불량과 수관 과밀을 원인으로 지목합니다. 분명히 같은 듯
다른 설명입니다.

그런가 하면 『생활권 수목 병해도감』의 모태가 된 국립산림과학
원에서 2007년에 출간한 『침엽수 병해도감』에서도 병징을 설명하
며 "6월 상순부터"라고 언급하고, 『나무 병해충 도감』에서도 "6월
상순부터 새로 나온 당년도 잎에 발생하며, 잎끝 부분부터 적갈색으
로 변색되어"라며 병 발생 시기의 중요성을 놓치지 않았습니다.

무슨 병이든 발생 시기는 매우 중요하므로 관련 책에서 병 발생
시기를 밝혀 주는 것 또한 매우 중요한데, 『생활권 수목 병해도감』

은 모태로 삼은 도감에서도 밝힌 발생 시기를 언급하지 않은 점이 아쉽습니다. 이용자들이 아쉬운 부분을 해결하고자 이 책 저 책을 모두 비교하며 살펴보기는 어렵습니다.

130쪽의 소나무는 수간 하부에 깐 우드칩이 문제를 일으켰습니다. 자연스럽게 복토의 원인이 되었고, 수분 증발 억제 효과는 차치하더라도 고온 건조 시기에 부패하면서 열을 발생시킵니다. 당연히 소나무 뿌리가 써야 할 수분을 빼앗아 갑니다. 그 결과 앞서 인용한 책들에서 언급한 '뿌리발달 불량'과 '수관 과밀화'가 수세 쇠약을 유발했고 병을 불러왔습니다.

이 사례에서 중요하게 볼 점은 수목진단에서 병 발생 이전과 이후의 문제를 짚는 겁니다. 병징을 파악해 조치하는 것도 중요하지만 그 병을 일으킨 원인도 헤아려야 합니다.

▼ 문제의 소나무 하부 우드칩을 깔아 둔 모양(2021.5.20. 충북 청주)

▲ 회화나무 줄기의 병징(2022.5.17. 충북 청주)

회화나무 녹병 Gall rust

나무가 아픔을 견뎌 내는 방식일까요?

회화나무 녹병은 향나무와 장미과 식물에 발병하는 녹병이나 붉은 별무늬병과는 달리 병원균이 중간기주로 이동하지 않고 회화나무 에서만 기생하는 동종기생성균입니다. 가지와 줄기에 방추형 혹이 생기고 점차 커지면서 혹 표면에 균열이 발생하며, 또 다른 큰 피해 는 조기낙엽입니다.

이런 상태를 보고 진단을 의뢰하는 분들 대부분은 당장 할 수 있 는 조치가 있냐고 묻습니다. 아무래도 녹병이라는 병명이나 병원균 을 거론하니 그렇겠지요.

동종기생성균의 특성을 이해하면 다른 녹병들과 생활사가 다르

▲ 회화나무 녹병 병징 줄기와 가지(2015.6. 충북 청주)

다는 점을 이해하는 데에 도움이 될 겁니다. 혹에서는 가을에 갈라진 틈에서 흑갈색 가루덩이(겨울포자퇴)가 나타나고, 잎에서는 6월 하순부터 잎 뒷면에 황갈색 가루덩이(여름포자퇴)가 나타납니다. 가을에는 흑갈색 가루덩이(겨울포자퇴)가 또 나타나는데, 이때 중요한 것은 흑갈색 가루덩이인 겨울포자퇴는 혹과 잎에서 동시 발생한다는 점입니다. 결과적으로 곰팡이 일종(담자균류)인 회화나무 녹병의 병원균(*Uromyces truncicola*)은 병든 낙엽과 가지, 줄기의 혹에서 겨울포자퇴 상태로 겨울을 납니다.

▲ 회화나무 녹병피해 잎과 건전 잎 비교(2014.6. 충북 청주)

　그러니 겨울에 월동 전염원인 낙엽을 그러모아 태웠는지 잔가지의 혹들을 제거했는지가 중요하므로, 봄맞이 돋움질을 시작한 상태에서는 딱히 할 수 있는 일이 없습니다.

　회화나무 녹병은 길쭉한 혹이 생기는 까닭에 혹병이라고도 부릅니다. 소나무 혹병과도 같습니다. 진딧물이나 면충, 혹파리, 응애 등으로 생기는 벌레혹처럼 발생 원인이 확실한 혹도 있는가 하면 박태기나무 혹처럼 원인을 알 수 없는 혹도 무수히 많은데, 나무는 이럴 때 왜 부풀어 오를까요?

　나무의 줄기나 가지에 구멍을 뚫으면 어떻게 될지 상상해 봅니다. 아프다고 소리 지르지도 못하고 눈물도 찔끔 흘리지도 못하며 고통을 견뎌 내겠지요. 구멍은 점점 커져서 동공이 되거나 메워지면서 혹처럼 부풀어 오를 텐데 그것이 나무가 아픔을 견디는 방식이지 않을까요? 나무에 발생하는 혹 대부분이 이런 과정에서 생겨나지 않을까요?

▲▼ 조기낙엽 현상과 피해 잎

▲▶ 회화나무 줄기의 혹과 새잎(2022.5.17. 충북 청주)

◀ 박태기나무 혹
(2022.5.17. 충북 청주)

회양목명나방(*Glyphodes perspectalis*) 이른 봄부터 배고픈 아이들

매미나방(*Lymantria dispar*) 해마다 빨리 나타납니다.

솔잎혹파리(*Thecodiplosis japonensis*) 약 언제 치나요?

소나무좀(*Tomicus piniperda*) 작다고 우습게 볼 게 아닙니다.

미국선녀벌레(*Metcalfa pruinosa*) 이름은 선녀인데 하는 짓은 밉상

벚나무모시나방(*Elcysma westwoodi*) 일찍 나와서 미안합니다.

복숭아명나방 침엽수형(*Conogethes punctiferalis*) 헷갈리게 해서 미안합니다.

별박이자나방(*Naxa seriaria*) 쥐똥나무의 불청객

물푸레면충(*Prociphilus (Prociphilus) oriens*) 물푸레나무만 골라 귀찮게 합니다.

검은배네줄면충(*Tetraneura (Tetraneurella) nigriabdominalis*) 누가 만든 벌레혹일까요?

알락굴벌레나방(*Zeuzera multistrigata*) 엊그제까지만 해도 괜찮았는데.

모감주진사진딧물(*Periphyllus koelreuteriae*) 천적까지 방제하지는 말았어야지요.

오리나무잎벌레(*Agelastica coerulea*) 해충일까요? 도우미일까요?

미국흰불나방(*Hyphantria cunea*) 1년에 3번이나 발생합니다.

뽕나무이(*Anomoneura mori*) 나무에도 이가 살아요.

호리왕진딧물(*Eulachnus thunbergi*) 이른 봄에 소나무에 응애?

전나무잎응애(*Oligonychus ununguis*) 이름도 확실치 않은 소나무응애

오리나무좀(*Xylosandrus germanus*) 깨알만 한 게 설마 나무를 죽이겠어요?

벚나무알락나방(*Illiberis (Primilliberis) rotundata*) 피해는 적습니다.

솔나방(*Dendrolimus spectabilis*) 송충이 보신 적 있나요?

사례로 보는 수목진단 이야기

생물적 피해_충해

▲ 회양목명나방 피해(2016.5. 충북 보은)

회양목명나방 *Glyphodes perspectalis*
이른 봄부터 배고픈 아이들

매년 봄 앞다투어 나타나는 수목 해충은 어떤 종일까요? 곤충 중에
는 유충으로 월동하는 종이 많은데, 아무래도 그런 종이 가장 먼저
나타나겠지요. 그런데 3월 같은 이른 봄에는 너무 쪼그마해서 눈에
띄지도 않습니다. 잎을 갉아 먹는 해충은 주로 나방, 나비, 잎벌레
종류의 유충인데 피해가 눈에 띄려면 유충이 잎을 실컷 갉아 먹고
몸집이 커진 4월 중순은 되어야 합니다.

유충으로 월동하고 이른 봄에 나타나는 해충 가운데 하나가 회양 목명나방입니다. 회양목을 가해하는 대표적인 해충으로 전국 어디 에서나 보입니다. 먹성이 대단한 게 문제인데, 밀도가 높을 때는 잎 을 거의 다 먹어 치워 나무가 앙상해지고 피해가 반복되면 살아남기 힘들 정도로 마릅니다.

회양목명나방은 연 2~3회 발생합니다. 대개 4월 하순과 7월 하순 에 나타나서 약 25일간 잎을 먹다가 번데기가 된 뒤, 6월에 한 번, 8 월 중순~9월 상순에 한 번 성충이 됩니다. 2화기나 3화기에 발생한 성충이 낳은 알에서 깨어난 유충은 그 상태로 겨울을 나고 봄에 다 시 활동하기를 반복합니다.

유충은 잎 여러 개나 작은 가지를 실로 묶고 그 속에서 지내며 잎 을 갉아 먹습니다. 3월 말에 양지바른 곳에 있는 회양목을 찬찬히 살 피면 거미줄 같은 게 보일 텐데 그 속이나 주변에 유충이 있습니다. 비교적 약발이 잘 먹히니 화학적 방제도 좋겠지만, 많이 자라기 전 인 3월 말에 거미줄 같은 게 보일 때 한 마리씩 잡아내 밀도를 줄이 는 것도 좋습니다.

▼ 회양목명나방 유충(2014.5. 충북 괴산 화양)

▲ 어린 유충(위)과 노숙 유충(아래) 비교(2016. 충북 청주)

◀ 회양목명나방
월동 유충
(2016.3. 충북 청주)

◀ 회양목명나방 성충
(2016.6. 충북 청주)

　수목진단 의뢰에서 해충 피해를 문의하는 일은 드뭅니다. 나무에 나타나는 이상한 증세에 눈이 가지 누구 때문에 그런지까지는 눈을 돌리지 않기 때문입니다. 산림과 조경 수목에 발생하는 해충의 종수는 무척 많지만 따져 보면 몇 종이 반복적으로 문제를 일으킵니다. 산림해충으로 분류하는 종은 전체 산림곤충의 10% 정도에 불과하며 이들 중에서도 반복적으로 문제를 일으키는 종은 200여 종입니다. 여기에서 곤충이 분포하는 지역성까지 고려하면 더 줄어들기 때문에 50종 정도만 구별할 수 있으면 수목 해충을 많이 아는 사람 축에 듭니다.

매미나방 *Lymantria dispar*

해마다 빨리 나타납니다.

앞서 해충 피해진단 의뢰가 드물다고 했는데, 솔잎혹파리나 나무좀처럼 산림이나 생활권 수목에서 지속해서 피해가 발생하거나 전국에서 동시에 발생하는 돌발해충, 사회적 이슈가 되는 종은 예외입니다. 매미나방 역시 진단 의뢰가 많은 종입니다.

매미나방은 연 1회 발생하며 알집에서 알로 월동합니다. 암컷 성충이 털로 덮어 놓은 알집 한 개에는 알이 수백 개씩 들어 있습니다. 봄에 깨어난 유충은 알집 주위에서 4~5일간 머물다가 입에서 실을 내어 매달린 뒤 바람을 타고 퍼져 나갑니다. 아주 오래전부터 알려진 해충으로 어느 해에는 대발생하기도 합니다.

▼ 매미나방 피해 낙엽송(2014.5. 충북 청주)

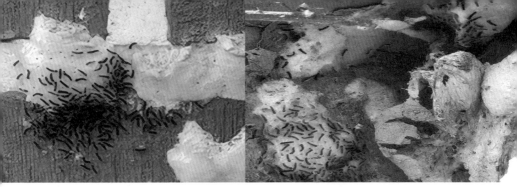

▲ 부화(2021.3.23. 충북 음성, 단양)

▲ 매미나방 알집(소나무)과 노숙 유충(화살나무)

　　매미나방 유충은 잡식성입니다. 참나무를 비롯해 활엽수는 모두 다라고 해도 과언이 아니고, 리기다소나무와 낙엽송 잎까지 먹어 치우는데, 문제는 유충기가 45~70일로 무척 길어 섭식 기간도 그만큼 길다는 점입니다. 그러니 유충에게 점령당한 나무는 초토화될 수밖에 없습니다. 매미나방 피해가 극심했던 2013년, 충북지역의 피해 면적은 약 51ha에 달했다고 합니다.

　　산림과 수목의 피해도 문제지만 대발생한 성충이 불빛에 모여들어 시내 곳곳에서 소동이 벌어지는 건 이제 흔한 일이 되었습니다. 지자체들마다 끊임없는 민원에 대책을 마련하느라 몸살을 앓고 있습니다.

▲ 왼쪽부터 산란, 알집, 부화

　성충 발생 시기인 7~8월에 유아등을 설치해 날아온 성충을 제거하거나 이른 봄 유충이 깨어 나오기 전에 알집을 제거하는 게 가장 효과적인 방제전략입니다. 그런데 고려할 점이 또 하나 있습니다. 예전에는 4월 중순부터 유충이 출현한다고 알려졌으나 근래에는 3월부터 부화해 해를 입힌다는 점입니다. 2023년에도 알려진 정보보다 앞선 시기인 3월 중순에 나타나 해를 입혔습니다. 기후변화 탓인지 모르겠으나 점점 빨라지는 부화 시기를 살펴 방제전략을 세워야 겠습니다.

▼ 매미나방 피해를 입은 단풍나무(2021.6. 충북 충주)

솔잎혹파리 *Thecodiplosis japonensis*

약 언제 치나요?

4월, 한 자치단체의 수목 관리 담당자가 솔잎혹파리 피해가 심해 민원이 잇따른다면서 조치를 문의했습니다. 솔잎혹파리 피해라는 걸 정확히 알고 있었고, 무슨 약을 치면 좋으냐고 물었습니다. 멀리서 보니 마치 몇 해 지난 산불 피해지를 보는 듯한 느낌이었습니다. 가까이 다가가 살펴보니 수목 상부가 유난히 갈변했고 피해 정도가 심각했습니다. 약을 안 친다고 하니 놀란 눈치입니다.

▲ 솔잎혹파리 피해(2022.4.5. 충북 충주)

▲ 솔잎혹파리 피해
(2022.8. 충북 청주)

▲ 전년도에 솔잎혹파리 해를 입은 잎
(2022.4. 충북 진천)

솔잎혹파리 피해에 관한 오래된 자료로는 국립산림과학원에서 펴낸 리플릿이 있습니다. 그에 따르면 "성충은 5월 초순부터 7월 중순에 나타나서 새잎 사이에 산란하며, 알에서 깨어난 유충은 잎 기부로 내려가 벌레혹을 발생시키고 수액을 빨아 먹다가 10월 초순부터 이듬해 1월 사이에 벌레혹에서 나와 지피물 밑이나 깊이 1~2cm 토양 속으로 옮겨가 월동한다. 피해 잎은 건강한 잎보다 짧아지며, 가을에 갈색으로 변해 말라 죽는데, 3~4월에 토양살충제를 뿌리 근방에 처리해 월동 중인 유충(애벌레, 번데기)을 구제하거나 산란 및 부화 최성기인 6월에 줄기에 구멍을 뚫고 포스파미돈 액제(50%)나 이미다클로프리드 분산성 액제(20%)를 흉고직경(지표면에서 약 1.2m 높이의 직경) 당 0.3㎖씩 주입한다."고 설명합니다. 많이 알려진 요즘의 자료와는 어딘가 내용이 맞지 않는 듯한데, 그렇다고 딱히 차이가 크다고 보기도 어렵습니다. 당연히 이유가 있습니다.

솔잎혹파리는 1929년 서울 창경궁과 전남 목포에서 처음 발생한 이래 1990년 제주도와 울릉도, 1999년에는 금강산에서 발생하더니 이후 우리나라 전역으로 확산했을 정도로, 알려진 지도 우리나라에 자리 잡고 산 지도 무척 오래되었습니다. 한때는 강산의 모든 소나무가 죽어 나갈지 모른다고 할 정도로 피해가 극심하기도 했습니다.

그런데 극적인 상황이 발생했습니다. 바로 천적이 나타나 강산의 소나무를 살린 겁니다. 또 하나, 솔잎혹파리가 침입한 지 7~8년 지나면 피해가 최고치에 달하고, 그 뒤로 차차 회복되는 경향이 있다는 사실도 알려졌습니다. 자연에는 보이지 않는 법칙이 있고, 산림병해충에도 이와 비슷한 원리가 작동하는 모양입니다.

과거 수목관리 분야 선배들이 수행한 솔잎혹파리 방제 연구 중에는 천적방사 프로젝트가 있었고 그 효과도 입증되었으며, 지금도 강원과 경북 등 일부 선단지(재선충 발생 지역과 그 외곽의 확산 우려 지역)에서는 관련 사업이 이어지고 있습니다.

오랜 피해인 만큼 솔잎혹파리 연구가 활발했고 가장 왕성히 연구했던 1980년대에 이미 솔잎혹파리 관련 연구는 거의 끝났다고 봐도 무방합니다. 그에 따라 방제방법 또한 많이 달라져서 수간주사와 토양살충제 살포 외에 수관살포 방법이 추가되고 있습니다. 단, 성충 우화 최성기(6월 상순)를 선택해야 합니다.

4월에 약을 치지 않는 이유는 솔잎혹파리의 생활사와 관련 있습니다. 이때는 솔잎에 전년도에 해를 입은 흔적만 남아 있을 뿐 유충은 땅속에 있기 때문에 4월에 약을 치겠다고 한다면 빈집에 약을 치겠다는 말이나 다름없기 때문입니다.

▲ 솔잎혹파리 피해(2016.11. 충북 청주)

소나무좀 *Tomicus piniperda*

작다고 우습게 볼 게 아닙니다.

수목진단현장에서 수없이 만나는 해충 중 하나가 소나무좀이 아닐까 생각합니다. 저 또한 해마다 소나무좀을 만나는 횟수가 엄청납니다.

소나무좀의 가해 양상이나 피해 증상은 봄과 여름에 두 가지로 나타납니다. 첫째는 4~5월에 유충이 수간에 침입해 단시일 내에 나무를 고사시키며, 둘째는 5월 말~6월 초에 새로운 성충이 발생해 새로 난 가지를 가해합니다. 당연히 봄철에 발생한 피해가 더욱 무섭습

▲ 소나무좀 피해 임지(2020.5. 충북 보은)

니다.

소나무좀은 연 1회 발생합니다. 나무 밑동의 껍질 틈에서 성충으로 월동하고 3월 이후에 평균기온이 15℃ 정도로 2~3일 이어지면 동면에서 깨어 나와 쇠약한 나무의 줄기에 침입해 산란합니다. 이 알이 유충, 번데기 과정을 거쳐 성충이 되고 늦가을에 다시 월동 장소로 이동합니다.

의뢰인은 소나무 수간 중간이 부분적으로 말라서 껍질이 벗겨진 걸 이상하다고 생각해 원인을 물어 왔습니다. 소나무좀 유충에 의한 1차 피해입니다. 소나무좀 공격은 보통 3월 말부터 시작되었다고 볼 수 있는데, 소나무 생육이 왕성해지는 시점부터 5월 초 사이에 피해가 확인되는 일이 대부분입니다.

▲ 소나무좀 피해 소나무(2021.6. 충북 영동)

▲ 소나무좀 유충과 성충

　피해 신고나 문의는 대부분 5월 초부터 6월 중순이나 하순 사이에 많은데, 발견이 늦은 사례까지 고려하면 1년 내내 접수된다고 해도 과언이 아닙니다. 특히 봄철에 발생하는 피해는 수간에 침입해 단시일 내에 나무를 고사시킬 만큼 무섭습니다.

　"단시일이라니, 얼마나 빨리요?"라고 묻는 분도 많습니다. 그런데 딱 잘라 대답할 수 없습니다. 나무가 얼마나 쇠약한 상태였는지, 얼마나 많은 개체에게 공격을 받았는지에 따라 다르기 때문입니다.

　소나무좀에게 공격받는 나무는 이미 수세가 쇠약해진 나무라는 점을 잊지 말아야 합니다. 일단 피해를 방치하면 나무 대부분은 고사하며, 고사에 이르는 기간은 수세 정도에 달려 있습니다. 그러므로 나무좀을 잡겠다고 약을 치는 것보다 수세 쇠약의 원인을 찾아 짚어 줘야 올바른 진단이 완성됩니다.

　소나무좀은 유충이나 성충이나 몸길이는 4mm 정도, 폭은 1~1.5mm로 작습니다. 이토록 작은 곤충의 공격에 힘없이 무너지는 나무들이 안타깝습니다. 작다고 우습게 볼 일이 아닙니다.

미국선녀벌레 *Metcalfa pruinosa*
이름은 선녀인데 하는 짓은 밉상

미국선녀벌레는 떼 짓는 습성이 있습니다. 약충과 성충이 가지와 줄기에 집단으로 기생하며 수액을 빨아 먹는데 심하면 가지를 말라 죽게 하고, 흰색 왁스 성분도 분비해 미관을 해치거나 부생성 그을음병을 유발합니다. 꽃매미나 갈색날개매미충을 비롯한 매미충 종류 대부분이 이런 해를 끼친다고 보면 됩니다.

▲ 미국선녀벌레 성충(2016.7. 충북 증평)

▲ 미국선녀벌레 피해(2016.7. 충북 증평)
▲ 미국선녀벌레로 인한 그을음병 발생
(2016.7. 충북 증평)

　미국선녀벌레는 감나무, 명자나무, 배나무, 아까시나무, 참나무류 등 많은 활엽수를 가해하며 주로 나무 상부에 몰려 지냅니다. 왁스 성분은 약충일 때 더 많이 분비해서 마치 하얀 솜을 덮어쓴 듯합니다. 몰려 있는 가지나 줄기가 온통 하얗게 되고 주변 식물까지 그을음병이 발생해 시커멓게 되니 밉상 취급을 받을 만합니다.

　미국선녀벌레는 연 1회 발생하며 가지에서 알로 월동합니다. 3~4월 중순에 부화한 약충은 가지나 줄기에서 즙을 빨며 자라다가 6~10월에 성충이 되고, 9월부터 가지나 줄기의 갈라진 틈에 산란합니다.

▼ 미국선녀벌레 약충

▲ 미국선녀벌레 알

　미국선녀벌레 말고 우리나라 토종 선녀벌레도 있습니다. 돈나무, 동백나무, 무화과, 차나무 등을 가해하는데 미국선녀벌레 못지않습니다. 차이가 있다면 미국선녀벌레만큼 큰 무리를 짓지 않습니다. 집단의 크기는 피해 규모와 직결되는데, 미국선녀벌레를 외래돌발해충으로 분류해 주목하는 이유가 바로 토종 선녀벌레와 달리 큰 무리를 짓기 때문입니다.

　외래돌발해충으로 지목된 곤충에는 갈색날개매미충, 꽃매미, 미국선녀벌레 등이 있습니다. 모두 아열대 기후에 적응한 종이니 역시 기후변화의 영향이겠지요. 산림의 수목 피해도 문제지만 농작물에도 크게 해를 끼치니 밉상 취급을 받고 있는데, 이들에 대해서는 공동·동시 방제를 실시하고 있습니다. 비교적 이동성이 큰 성충기(7월 이후)에는 과수원과 인접 산림에 방제합니다. 그러나 이런 방제에 앞서 이른 봄에 산란 흔적이 보이는 가지를 잘라 알 단계에서 처리하는 게 밀도를 줄이는 최선책입니다.

벚나무모시나방 *Elcysma westwoodi*

일찍 나와서 미안합니다.

4월 마지막 주에 접어들면 본격적인 봄을 알리듯 밀려드는 진단 문의 전화에 정신이 없습니다. 이 무렵은 아직 아침저녁에 쌀쌀합니다. 일찍 심은 농작물이나 새잎이 늦서리 해를 입기 쉬운데, 이런 마당에 벚나무모시나방 애벌레 사진을 받았습니다.

벚나무모시나방 피해는 5월부터 시작되고, 피해 발생을 인지하는 시기는 보통 6월 초순 지나서라고 알려졌습니다. 앞에서도 언급했듯이 유충으로 월동하는 곤충은 대체로 기주식물에서 잎이 돋기만 한다면 이른 봄부터 활동합니다. 다만 눈에 띄지 않고 피해도 크게 나타나지 않아 알아채지 못할 뿐입니다.

요즘 우리나라 3~4월 날씨라면 월동 유충이 활동하기에 무리 없다는 걸 모두 아실 겁니다. 3월이면 벌써 매미나방이 부화하기 시작하고, 회양목명나방 유충이 실을 뽑으며, 노랑털알락나방 유충이 통통해집니다. 그러니 벚나무모시나방 유충이라고 못 나올 리가 없습니다.

벚나무 잎이 돋기를 기다렸다는 듯이 잎을 갉아 먹기 시작하는 식엽성 해충은 10여 종이나 됩니다. 문제는 잎이 돋는 시기가 점점 빨라지고 그에 따라 이런 곤충의 유충이 활동하는 시기도 빨라진다는 겁니다.

158쪽 사진은 전형적인 벚나무모시나방 피해 장면입니다. 벚나무모시나방 어린 유충은 잎 뒷면에서 엽육만 갉아 먹다가 점점 자라면서 잎 전체를 갉아 먹는데, 밀도가 높을 때는 나무 한 그루의 잎을 몽땅 먹어 치워 앙상하게 만듭니다.

그런데 의뢰인들 대부분은 벚나무모시나방 생활사에는 관심 없고 그저 약 치는 시기만 묻습니다. 누구 때문인지 그들의 습성이 어떤지 살피면 약 치는 시기는 저절로 알 텐데 말입니다. 그래도 답답한 마음을 이해하니 궁금해하는 것부터 알려드립니다.

"벚나무 가로수 약 치는 시기는 무조건 꽃 지고 나서 바로입니다."

▲ 벚나무모시나방 피해 벚나무 가로수(2016.5. 충북 괴산)

▲ 벚나무모시나방 피해(2019.6. 충북 옥천)

벚나무모시나방 성충은 연 1회 발생하며, 8월 중순부터 10월에 나타납니다. 새로운 유충은 9월부터 보이고 낙엽 밑에서 월동한 뒤 4~6월에 나와 잎을 갉아 먹다가 잎을 뒤로 말고 번데기가 됩니다. 그러니 꽃이 지고 잎이 돋기 직전 즉, 월동 유충이 나와 활동하기 전에 약을 쳐야 피해를 막을 수 있습니다.

▲ 벚나무모시나방 유충과 고치(2018. 충북 괴산)

▼ 벚나무모시나방 노숙 유충과 성충(2016. 충북 청주)

복숭아명나방 침엽수형 *Conogethes punctiferalis*
헷갈리게 해서 미안합니다.

복숭아명나방 피해 수종은 소나무, 잣나무, 구상나무 같은 침엽수와
복숭아나무, 밤나무 같은 낙엽활엽수입니다. 가해하는 나무가 침엽
수와 활엽수인데 이름만 보고서는 침엽수를 가해하는 곤충이라고
생각하기 어렵습니다.

   앞에서 월동 성충과 그해 새로 발생한 성충의 가해 양상이 다른
소나무좀 이야기를 했습니다. 월동 성충은 수간을 뚫고 들어가고 그
해에 발생한 성충은 새로 난 가지를 가해한다고 했는데, 복숭아명나
방 피해는 다릅니다.

▲ 복숭아명나방 피해 소나무 가지(2015.5. 충북 청주)

복숭아명나방 성충은 연 2회 발생하며 유충은 줄기의 수피 틈에 만든 고치 속에서 월동합니다. 월동 유충은 4월 하순~5월 중순에 나와 그해에 새로 난 잎이나 작은 가지를 여러 개 묶고 그 속에서 잎을 갉아 먹으며 주변에 배설물을 붙여 놓습니다. 그래서 새로운 잎이 나는 5월에 피해가 가장 심한데 이런 피해는 침엽수에 해당합니다.

2세대 유충은 침엽수에는 별로 해를 끼치지 않는데, 밤나무 같은 활엽수 열매에는 큰 해를 끼칩니다.

상황이 이러니 5월에 월동 유충이 새로 난 잎을 가해하는 건 침엽수형 복숭아명나방 피해, 이후 2세대 유충이 열매를 가해하는 건 활엽수형 복숭아명나방 피해로 구분해야 하지 않을까요?

▼ 복숭아명나방 피해 반송(2021.4. 충북 영동)

같은 종인데도 1세대와 2세대 유충의 먹이 습성은 다릅니다. 분명히 침엽수형과 활엽수형으로 갈립니다. 그렇다고 어떤 관련 책에서도 "기주교대는 없다."고 똑 부러지게 써 놓지는 않았습니다. 헷갈리고 궁금한 부분입니다만 우리는 두 세대에 의한 각 피해양상을 구분할 필요가 있습니다.

▲ 복숭아명나방 유충과 성충

▲ 월동 유충이 들어 있는 반송(2020.1. 충북 청주)

▲ 피해 반송 잎에서 나온 유충(2021.4. 충북 영동)

별박이자나방 *Naxa seriaria*

쥐똥나무의 불청객

"내가 여기에 오래 살았는데 이런 건 처음 봐요."

전화기 너머 의뢰인은 흥분을 감추지 못합니다. 보내온 사진을 보니 별박이자나방 유충 피해로 잎이 하나도 남지 않은 쥐똥나무 군락이었습니다. 2016년 이후로 별박이자나방이 대발생하는 걸 보지 못했는데 오랜만에 이런 장면을 봤습니다.

충북 제천의 어느 임도 진입로 해발고도 550m쯤 되는 곳이랍니다. 강원도 뺨치게 추운 곳이라서 강원남도라고도 부른답니다. 그렇다고 평균기온이 낮거나 해발고도가 높은 게 곤충의 돌발 발생이나 대발생에 영향을 미치는 요소는 아닙니다.

▲ 의뢰인이 보내온 쥐똥나무 피해 사진(2022.5.2. 충북 제천)

별박이자나방은 보통 연 1회 발생하며 중령 유충은 실을 내어 가지와 잎에 크게 그물을 치고 무리를 지어 겨울을 납니다. 유충은 4월부터 깨어 나와 잎을 가해하다가 5월에 그물 사이에서 번데기가 되고 6~7월에 우화해 잎에 산란하면서 생활사를 반복합니다. 피해를 입은 나무는 잎이 하나도 남지 않게 됩니다. 쥐똥나무를 비롯해 광나무, 물푸레나무, 층층나무, 수수꽃다리도 가해한다고는 하는데, 저는 아직 쥐똥나무 피해 말고는 보지 못했습니다.

▲ 별박이자나방 피해 쥐똥나무 (2016.5. 충북 청주)

▲ 별똥이자나방 유충과 군집

　쥐똥나무는 보통 울타리용으로 많이 심는데, 관리하지 않으면 키가 2~3m까지 자라며 무척 빽빽해집니다. 무성한 쥐똥나무 전체가 거미줄 같은 실로 친친 감기고 군집을 이룬 유충이 우글거리며 잎이 모두 먹혀 앙상해진 모습을 보면 오싹해집니다.

　실로 집을 지어서인지 약을 쳐도 약발이 잘 먹히지 않습니다. 그래서 무리 지어 월동하는 시기에 그러모아 소각하는 게 밀도를 줄이는 효과적인 방법입니다.

▲ 별박이자나방 번데기와 성충

▲ 포지의 어린 물푸레나무(2022.5.11. 충북 청주)

물푸레면충 *Prociphilus (Prociphilus) oriens*

물푸레나무만 골라 귀찮게 합니다.

포지의 물푸레나무 잎이 이상하답니다. 언뜻 봐서는 잘 안 보입니다만 잎들이 오그라들거나 뭉칩니다. 오그라든 잎을 펴 보니 하얀 밀랍으로 뒤덮인 벌레들이 우글댑니다. 물푸레나무만 골라서 귀찮게 한다는 물푸레면충입니다.

　물푸레면충 성충과 약충이 이른 봄에 잎과 어린 가지에서 몰려 지내며 수액을 빨아 먹으면 잎이 오그라듭니다. 물론 이건 물푸레면충에만 해당하는 건 아닙니다. 5월에 가장 많이 보이는 각종 진딧물 피해처럼 흡즙성 해충으로부터 해를 입은 활엽수 잎은 대부분 오그라듭니다.

▲ 오그라든 잎 확인

　　초기에 물푸레면충이 발생한 잎을 소각해 예방할 수 있지만 가장
좋은 방법은 밀식하지 않는 겁니다. 일정한 거리를 두지 않고 재배
한다면 통풍이 불량해 잎과 가지가 연약해져 흡수성 해충에 취약해
지기 때문입니다.

　　물푸레면충의 기주식물은 물푸레나무입니다. 한자 말로는 청피
목(靑皮木)이라고 하며, 간혹 관련 책에서 목서류(木犀類)라고 쓰기도
하는데, 이 또한 물푸레나무를 뜻합니다.

　　물푸레나무의 이름 유래는 모두 들어봤을 겁니다. 어린 가지의 껍
질을 벗겨 물에 담그면 파란 물이 우러난다고 하는데, 정말 그런지
확인해 봤습니다. 물이 푸르스름하게 보이는 건, 가지의 푸른색이
비친 탓이지 물든 탓이 아니었습니다. 3시간을 담가 두나 3일을 담
가 두나 결과는 마찬가지였습니다.

▼ 오그라들어 뭉쳐진 잎들

검은배네줄면충

Tetraneura (Tetraneurella) nigriabdominalis

누가 만든 벌레혹일까요?

위 사진 속 느릅나무 오른쪽 동그라미 부분에 불긋불긋한 것들이 보입니다. 나뭇잎이 바람에 흔들린 모양입니다. 흐릿합니다. 그래도 붉은 혹의 정체를 아는 분이 많을 겁니다. 이런 꼴을 만든 주인공은 바로 검은배네줄면충입니다.

검은배네줄면충은 1년에 여러 번 발생하며 느릅나무 수피 틈에서 알로 겨울을 납니다. 4월 상순에서 중순 사이에 알에서 깨어 나온 약충이 새로 난 잎 뒷면에서 수액을 빨아 먹고, 5월 중하순에 유시충이 벌레혹에서 탈출해 벼과식물 뿌리로 이동한 뒤 9월 하순에 다시 느릅나무로 돌아옵니다. 4월에 약충이 가해한 잎 윗면에는 붉은색 벌

▶ 의뢰인이 보내온
느릅나무 사진과
사진 속
동그라미 부분
(2022.5.13.)

레혹이 생기는데 5월 중순이 지나면 갈색으로 변하면서 마릅니다.

174쪽 사진은 느티나무입니다. 녹색 벌레혹들이 보입니다. 느티나무에 벌레혹을 발생시키는 건 느티나무외줄면충(느티나무외줄진딧물)입니다.

느티나무외줄면충도 1년에 여러 번 발생하며 느티나무 수피 틈에서 알로 겨울을 납니다. 4월 중순에 부화한 간모가 어린잎 아랫면에서 즙을 빠는데 그로 인해 반대 방향인 잎 윗면에 표주박 모양 벌레혹이 생기고 그 속에서 알을 낳습니다. 5월 하순부터 6월 상순에 출현한 유시충이 벌레혹을 뚫고 나와 대나무로 이동해 여름을 나고 가을에 다시 느티나무로 이동해 교미하고 산란합니다. 이렇게 생활사를 반복하며 성충과 약충이 벌레혹 속에서 수액을 빨아 먹으며 지내는데, 초기 벌레혹은 녹색이지만 여름 이후 유시충이 탈출하면 갈색으로 변합니다.

▲ 느티나무 잎의 벌레혹(2020.5. 충북 청주)

    느릅나무 잎에 발생하는 벌레혹은 검은배네줄면충의 소행이며, 느티나무 잎에 발생하는 벌레혹은 느티나무외줄면충(느티나무외줄진 딧물)의 소행입니다. 나란히 놓고 보면 기주식물만 다를 뿐 생활사는 비슷합니다. 다만 여기서 짚고 넘어갈 점은 벌레가 벌레혹을 만드는가, 식물이 방어기작으로 벌레혹을 만드는가입니다. 벌레혹은 많고 잎에만 생기지 않습니다. 줄기나 가지, 뿌리 등 가리지 않습니다. 원인과 심각성은 다르지만, 아무래도 나무들이 벌레의 공격에 대응해 피해 부위를 감싸 격리하려는 결과로 혹이 만들어진 것이겠지요.

▲ 느릅나무 잎의 벌레혹

알락굴벌레나방 *Zeuzera multistrigata*

엊그제까지만 해도 괜찮았는데.

▲ 영산홍 주변 유충 배설물(2016.5. 충북 청주)

▲ 병꽃나무 주변 유충 배설물(2011.9. 충북 청주)

알락굴벌레나방 피해 수목진단 사례는 흔치 않습니다. 잘 알려진 곤충도 아닙니다. 이 친구를 처음 만난 건 2011년입니다. 철쭉류 말고 다른 나무 주변에 있는 배설물을 따라가 보니 산림 쪽이 아니라 조경이나 원예 수종에 많았습니다. 농업 해충으로 분류한다는 것도 그때 알았습니다.

알락굴벌레나방은 기주 범위가 넓어 진달래, 철쭉, 영산홍 같은 진달래과 나무와 꽃사과, 벚나무, 명자나무, 국수나무 같은 장미과 나무를 비롯해 개나리, 병꽃나무, 산딸나무, 덜꿩나무 등 여러 나무를 가해합니다. 갱도에서 월동하는 유충은 나무속을 파먹는데 낮에는 지표면 부근에 머물 때가 많고 동글동글한 배설물을 배출합니다. 노숙 유충이 되면 지제부로 올라와 지상부에 구멍을 뚫어놓고 번데기가 되며, 2년에 1회 7~8월에 성충이 발생합니다. 성충은 주로 산지에서 많이 보이고 등불에도 잘 날아옵니다.

▲ 꽃사과와 노간주나무 주변 유충 배설물(2011.9. 충북 청주)

▲ 병꽃나무를 쪼개서 확인한 유충(2011. 충북 청주)

▲ 알락굴벌레나방 성충

　기주 범위가 상당히 넓어 찾으려 들면 어렵지 않지만, 문제는 뿌리 쪽에 들어앉아 지내는 통에 얼굴 한번 보기 힘듭니다. 저는 운 좋게 같은 해에 유충과 성충을 봤습니다. 제 주특기인 궁금하면 일단 까 보거나 쪼개어 보기 덕분입니다. 성충이나 유충 모두 제법 큽니다. 병꽃나무 속에 있던 유충은 어른 검지 정도 굵기였고, 성충은 날개 편 길이가 40~70mm에 이를 만큼 큽니다.

▲ 의뢰인이 키우는 초피나무 화분
(2019.5. 충북 청주)

▲ 갑자기 잎이 시들면서 말라 가는 초피나무
(2019.5. 충북 청주)

2019년 5월 참으로 오랜만에 이 친구를 다시 만났습니다. 화분에 초피나무를 기르던 의뢰인이 갑자기 잎이 시들고 말라 죽어 간다면서 진단을 의뢰했습니다.

"엊그제까지도 멀쩡했는데……"

이런 말 자주 듣는 편입니다. 유충이 갱도에서 생활하기 때문에 겉보기로는 나무의 피해를 알 수는 없습니다. 배설물을 보면 알지 않겠냐고 반문할 수도 있겠지만, 의외로 세심하게 그런 것까지 신경 쓰는 분이 많지 않습니다. 결국 나무가 쇠약해져 말라 죽으면 그때야 왜 죽은 거냐며 궁금해합니다.

배출 흔적이 보이다가 조금 더 진전되면 상부가 똑 부러집니다. 굵은 나무라면 그렇지 않을 수도 있겠지만 초피나무처럼 가는 나무라면 못 견딥니다. 천공성 해충의 피해양상은 대부분 비슷합니다. 굵은 나무는 가지 한두 개가 시들다가 고사하고 작은 나무는 상부가 급속히 시들면서 고사합니다.

의뢰인이 가져온 화분의 초피나무를 줄기를 살펴보니 부러진 부분 아래로 갱도가 있었고, 뿌리 쪽 깊지 않은 부위에서 아주 조그마한 유충이 나왔습니다.

의뢰인은 "똑 부러지기에"라며, 살펴볼 생각도 없이 초피나무를 뽑아버렸답니다. 그런데 그런 것이 한 개, 두 개, 세 개…… 늘어나길래 무슨 일인가 싶어 가져왔답니다.

그런데 또 다른 문제도 있습니다. 초피나무가 중부 이남에서 자라는 나무라는 점입니다. 중부권의 중심인 충북 청주에서 키우는 게 왠지 아슬아슬합니다.

◀ 초피나무 부러진 부위와 유충
(2019.5. 충북 청주)

▲ 알락굴벌레나방 피해를 발견한 영산홍 포지(2022.5.16. 충북 청주)

▲ 영산홍 주변 유충 배출 흔적(2022.4. 충북 청주)

굴벌레나방을 만나기 쉽지 않다고 했는데, 사실 다른 곤충도 마찬가지입니다. 해충 피해로 인해 진단 의뢰가 들어오는 일은 해충 대발생이나 돌발 발생 피해가 아니라면 매우 적습니다. 그만큼 새로운 해충을 만나는 일이 드물다는 뜻입니다.

알락굴벌레나방 유충처럼 갱도를 만들고 사는 종의 피해는 웬만큼 진전되지 않으면 알아채기 어렵습니다. 배출 흔적이라도 남긴다면 그나마 알아챌 수 있지만 향나무하늘소처럼 밖으로 배출 흔적을 드러내지 않는 종이라면 더욱 알 길이 없습니다.

"어? 이 나무 왜 갑자기 죽는 거지?"

궁금하면 까거나 쪼개어 보는 수밖에 없습니다.

모감주진사진딧물 *Periphyllus koelreuteriae*

천적까지 방제하지는 말았어야지요.

진딧물은 노린재목 진딧물과에 속하는 곤충을 일컫습니다. 전 세계에 4,700여 종이 알려졌고 우리나라에는 480여 종이 기록되었습니다. 대부분 종이 농작물의 대표적 해충입니다.

직접적인 피해는 성충과 약충이 잎 뒷면에 모여 지내며 수액을 빨아 먹어 잎이 오그라들면서 변색되다가 일찍 떨어지게 하는 것이고, 간접적인 피해로는 바이러스를 옮기거나 배설물로 그을음병을 발생시켜 광합성을 방해하거나 미관을 떨어뜨리는 점을 들 수 있습니다.

▼ 진딧물 피해 모감주나무(2022.5.19. 충북 청주)

▲ 비교적 발생 초기(2022.5.19. 충북 청주)

　포지에서 가꾸는 모감주나무에 진딧물이 발생했습니다. 모감주나무를 가해하는 진딧물로는 모감주진사진딧물이 있습니다. 자세한 생활사는 밝혀지지 않았지만 1년에 여러 번 발생하고 잎눈 기부에서 알로 월동하는 것으로 추정합니다. 특이한 점은 주로 봄에 유시충, 무시충, 약충이 보이는데 6월 상순이 되면 모감주나무에서는 거의 보이지 않습니다.

　진딧물은 농작물이든 수목이든 가리지 않고 해를 입히는 통에 농부나 관리자에게는 골치 아픈 존재입니다. 그런데 자연은 참 오묘하지요. 식물마다 그것을 기주로 삼는 해충이 있는가 하면 그 해충을 잡아먹는 천적도 있으니 말입니다. 잘 알려졌듯이 진딧물의 천적으로는 무당벌레와 콜레마니진디벌 등이 있습니다.

　진딧물이 발생하면 초기에 약제 처리를 한다든가 성충과 약충이 붙은 부분을 채취해 소각하는 방법이 일반적입니다. 그러면서 항상 당부하는 게 있습니다. 무당벌레 같은 포식성 곤충, 즉 진딧물의 천적도 잘 보호해 활용하자는 겁니다.

▲ 모감주나무 가지에 붙은 진딧물　　　　　　▲ 모감주나무 잎 뒷면에 모여 있는 진딧물
(2022.5.19. 충북 청주)　　　　　　　　　　　　　　　　　(2022.5.19. 충북 청주)

　사나흘 지나 모감주나무 피해 포지를 다시 찾아가 보니 눈에 띄게 진딧물 개체수가 늘었고 피해도 커졌습니다. 감로(배설물)로 인해 한 그루 전체의 잎이 반짝거릴 정도입니다.

　무당벌레는 물론이고 다른 포식성 곤충도 전혀 보이지 않았습니다. 오묘한 자연의 섭리가 제때 작동하지 않은 걸까요? 혹시 천적의 존재조차 모르고 같이 방제한 건 아닐까요?

▲ 진딧물 배설물로 인해 광택이 나는 모감주나무 잎(2022.5.23. 충북 청주)

오리나무잎벌레 *Agelastica coerulea*

해충일까요? 도우미일까요?

"이게 오리나무 잎이 맞나?" 하시는 분들 있을 듯합니다. 오리나무 속 나무는 전 세계에 30여 종, 우리나라에는 10여 종이 자랍니다. 어떤 건 잎이 길거나 뾰족하고 어떤 건 계란형이나 원형에 가까우며, 잎에 잔털이 많고 적은 것 등 변종이나 잡종까지 있으니 헷갈릴 만합니다.

이럴 때 저는 그 나무에서 보이는 기주특이성이 있는 곤충을 보고 판단합니다. 잡식성이 아니고 오로지 한 가지 먹이식물에만 의존해 사는 종 말입니다. 바로 오리나무잎벌레가 그런데, 이 잎에 오리나무잎벌레가 있었으니 생김새 따져 볼 것 없이 오리나무속 나무라고 확신합니다.

오리나무가 저습지에서만 자라는 나무라고 여기는 분이 많습니다. 그러나 산등성이를 걷다가도 종종 볼 정도로 습하거나 건조한 것과 상관없이 여러 곳에서 잘 자랍니다. 오리나무속 나무는 뿌리 혹박테리아의 도움을 얻어 질소고정을 하는 점이 특징입니다.

◀ 오리나무 잎(2022.5.26. 충북 청주)

▲ 오리나무잎벌레 알(2022.5.26. 충북 청주)

오리나무잎벌레는 낙엽 밑이나 땅속에서 성충으로 겨울을 난 뒤 4월 하순에 나타나 교미하고 오리나무 잎 아랫면에 황백색 알을 낳습니다. 알에서 깨어 나온 유충은 5~9월에 걸쳐 잎을 갉아 먹습니다. 아주 조그만 유충들이 한입 두입 먹어 댈 때에는 별일 아닌 듯한데, 몸길이가 약 10mm에 이를 때까지 먹고 또 먹고 성충까지 가세해 피해를 키웁니다.

유충과 성충이 함께 보일 때도 많은데, 노숙 유충은 몸길이가 10mm 정도이며 광택 도는 검은색이고 몸에 잔털이 있으며, 성충은 몸길이가 6~8mm이며 광택 도는 짙은 남색입니다.

▲ 오리나무잎벌레 유충과 성충

▲ 갓 부화한 유충(2022.5.26. 충북 청주)

오리나무잎벌레 성충과 유충이 엽육을 갉아 먹으면 잎은 잎맥만 남아 그물처럼 되면서 갈색으로 변합니다. 이런 피해는 주로 수관 하부에서부터 시작되어 점차 위쪽으로 퍼집니다. 특정한 병해나 충해는 해마다 같은 곳에서 발생할 때가 많은데, 오리나무잎벌레 피해도 마찬가지입니다.

오리나무잎벌레가 대발생하는 해에는 입지의 오리나무들 잎 전체가 갈색으로 변하기도 합니다. 그러니 2, 3년간 반복해 해를 입으면 나무가 고사할 수도 있겠다는 생각을 누구나 할 만합니다. 그러나 그런 일은 일어나지 않습니다. 만약 그랬다면 오리나무숲이 남아나지 못했을 텐데, 참으로 오묘한 이유가 있습니다.

오리나무잎벌레 피해를 방치하면 189쪽 사진 같은 꼴이 됩니다. 이 지경이 될 때까지 왜 놔두었냐고 타박하는 분도 있을 것 같습니다. 그러나 그리 걱정하지 않아도 됩니다. 신기하게도 해를 입은 나무에는 8월쯤 부정아가 나와 대부분 소생합니다.

봄 가뭄이 극성일 때는 오리나무잎벌레 피해가 눈에 띌 정도로 심한데, 장마가 가뭄을 해소한 뒤에는 새잎이 나오는 겁니다. 이때부터 오리나무 잎은 무럭무럭 자라고 오리나무잎벌레는 다음 해를 기약하며 월동을 준비합니다. 마치 오리나무잎벌레가 가뭄기에 오리나무 잎을 적당히 솎아 주어 수분 증발을 억제해 주는 특수 임무를 맡은 것 같습니다. 저는 이런 일련의 과정이 오리나무와 오리나무잎벌레가 함께 살아 나가는 모습이 아닐까 생각합니다.

▼ 오리나무잎벌레 피해(2016.7. 충북 청주)

▼ 오리나무잎벌레 피해 임지(2016.7. 충북 청주)

미국흰불나방*Hyphantria cunea*

1년에 3번이나 발생합니다.

미국흰불나방은 예나 지금이나 꽤 주목받는 수목 해충입니다. 우리나라에 70여 종에 이르는 불나방이 있는데, 그중에서도 이 나방에 관심이 쏠린 까닭은 한때 전국에 심은 가로수였던 버즘나무를 심하게 가해한 이력 탓입니다. 더군다나 잡식성이라 뽕나무를 비롯한 다양한 조경수에 해를 입힙니다. 미국흰불나방 피해 신고 접수는 해마다 늘고 있습니다. 워낙 잘 알려지고 생활권에서 피해를 접하는 일이 많다 보니 민원이 늘어나서일 수도 있습니다.

▲ 미국흰불나방 1화기 유충 피해 벚나무 가로수(2018.6. 충북 청주)

▲ 1화기 발생 유충 군집

　　유충은 어릴 때 입으로 실을 내어 잎을 싸고 한곳에 모여 지내면서 잎을 갉아 먹다가 5령기부터는 뿔뿔이 흩어지는데, 이때는 잎맥만 남기고 잎 전체를 싹 갉아 먹습니다. 수피 틈이나 지피물 밑에서 고치를 틀고 번데기로 월동하며, 1년에 2~3회 발생합니다. 보통 6월에 1화기 유충에 의한 피해가 심하며, 지역에 따라 다르지만 대개 9월 하순에 3화기 성충이 출현해 10월 중순까지 가해합니다. 관련 책에서는 1, 2화기는 확실하게 소개하지만 3화기에 대해서는 소개하지 않는 경우도 많은데, 아마도 지역에 따라 발생 정도가 다르기 때문인 듯합니다.

▲ 미국흰불나방 3화기 유충 피해 벚나무 가로수(2016.10. 충북 청주)

▲ 뽕나무에 발생한 미국흰불나방 유충(2019.6. 충북 청주)

사진 속 뽕잎 크기로 보아 발생이 늦은 경우인데, 제가 가지고 있는 유충 사진 중에서 제일 어린 친구들입니다. 식엽성 곤충 대부분이 발생 초기에는 이처럼 군집 생활을 합니다.

지난 수년간 유충 피해를 진단했던 시기는 주로 10월이었습니다.

▼ 미국흰불나방 번데기와 성충(2016.10. 충북 청주)

▲ 미국흰불나방이 가해한 두충나무 근경

의뢰인들이 피해 사진을 보내오는 시기도 그랬습니다. 즉 3화기 발생 유충의 피해로 볼 수 있는데 1, 2화기 유충과 다른 점이 있습니다. 식욕이 매우 왕성합니다. 얼마 남지 않은 먹이를 차지하려는 걸까요? 뽕나무, 두충나무, 벚나무, 버즘나무 등 수종을 가리지 않고 잎맥만 남긴 채 몽땅 갉아 먹으며, 피해 나무 주변의 관목과 풀까지도 가해하는 장면을 수없이 보았습니다.

다른 점이 또 있습니다. 유충 령기에 상관없이 고치를 틀려고 합니다. 곧 닥칠 추위에 대비해 서두르는 걸까요? 여름이 길어진 우리나라 계절 변화 때문에 3화기 발생 유충으로 인한 피해가 늘고, 그들이 대단한 식탐을 부리며, 충분히 자라지 않았는데도 번데기가 되려하는 현상이 일어난 건 아닌지 궁금합니다.

뽕나무이 *Anomoneura mori*

나무에도 이가 살아요.

뽕나무 잎에 하얀 실 같은 게 붙어 있습니다. 뽕나무이 약충이 뒤집어쓴 밀랍(왁스 성분)입니다. 곤충이 만드는 밀랍은 다양합니다. 대표적인 게 꿀벌이 집을 지을 때 분비하는 물질이며, 뽕나무이를 비롯한 나무이나 매미충 종류 약충이 분비하는 하얀 물질도 바로 밀랍입니다. 힘없는 약충이 이렇게 밀랍을 뒤집어쓰는 건 부패하거나 지저분하게 보여서 천적이 잡아먹지 않게끔 하는 방어기작입니다.

우리나라 나무이과에는 44종이 알려졌습니다. 작은 매미처럼 생긴 성충은 머리가 크고 겹눈이 튀어나왔습니다. 크기는 대개 2~5mm이며, 종에 따라 무늬와 색상이 다른데, 어떤 종류는 무늬가 뚜렷하지 않아서 구별하기가 어렵습니다. 약충 시기에 하얀 밀가루 같은 밀랍을 뒤집어쓰고 있으며, 동물에 기생하는 이가 피를 빨 듯이 식물에 기생하는 나무이는 즙을 빱니다. 입 구조가 식물즙을 빨기에 알맞은 바늘 모양이라 가능합니다.

▲ 뽕나무이 약충(2022.6.8. 충북 충주)

　뽕나무이 성충은 몸길이가 3~4mm로 황록색이며 날개는 투명한데, 월동 후에는 날개가 다갈색을 띱니다. 약충은 몸길이가 약 3mm로 담황색이고 실처럼 긴 흰색 밀랍을 분비합니다. 연 1회 발생하며 성충으로 월동하고 4~5월에 나타나 뽕나무 잎 뒷면에 잎맥을 따라 알을 낳습니다. 약 2주 지나서부터 알에서 깨어 나온 약충은 7월 하순에 성충이 됩니다.

　성충과 약충은 4월 하순부터 뽕나무 잎 뒷면이나 어린 가지에 떼지어 기생하며 즙을 빨아 먹는데, 해를 입은 잎은 말리거나 황백색으로 변하다가 일찍 떨어집니다. 다른 나무이나 매미충 종류로 인한 피해도 같은 증상을 보이는데, 이와 같은 흡수성 해충의 피해양상은 영양분 결핍으로 인한 생리적 피해와 매우 유사해 진단할 때 혼동을 일으킵니다.

　그러므로 진단을 내리기 전에 엽면이 위축되거나 황백색으로 변한 잎을 뒤집어 약충의 흰색 밀랍이 있는지 눈으로 살핍니다. 밀랍이 확인된다면 피해 잎을 제거, 소각하는 예방적 조치를 취할 수 있습니다.

호리왕진딧물 *Eulachnus thunbergi*
이른 봄에 소나무에 응애?

"소나무 잎이 생기가 없어 보이는데 무슨 일이 일어난 걸까요?"

2020년 4월. 다소 감상적인 말투로 진단을 의뢰한 분이 있었습니다. 그러면서 또 물었습니다.

"어떤 사람이 그러는데요. 응애약 치라던데 맞지요?"

그럴 리가……. 중부권에서 응애 피해진단 의뢰가 들어오는 시기는 대부분 6월 이후입니다. 4~5월에는 거의 없습니다.

▲ 진단 의뢰받은 소나무(2020.4. 충북 청주)

▲ 소나무 잎 상태(2020.4. 충북 청주)

　소나무 잎이 생기가 없긴 했습니다. 잎을 자세히 살펴보니 호리왕진딧물이 범인이었습니다. 사실 호리왕진딧물은 0.3mm 정도밖에 안 되는 응애 종류보다 한참 커서 자세히 들여다보면 쉽게 알아볼 수 있습니다. 눈으로 알아볼 수 없다면 털어 보면 됩니다.

　호리왕진딧물은 유시충과 무시충이 있으며 몸은 흰 밀랍으로 덮여 있습니다. 유시충은 약 2mm이며 몸은 녹색이고 검은 무늬가 있습니다. 무시충은 약 1.8mm이며 몸은 청록색인데, 가을에 나타나는 난생 암컷 무시충은 연갈색이고 배가 약간 통통합니다.

　주로 알로 월동하며 4월부터 무시충과 유시충이 나타나고 5~10월까지 긴 기간 동안 많은 개체수가 유지됩니다. 소나무에만 의존하는 단식성으로 성충과 약충이 잎에서 지내며 즙을 빨아 먹는데, 그 결과 수세가 약해지고 부생성 그을음병이 발생하며, 밀도가 높으면 초여름에 전년도 잎이 마르면서 일찍 떨어집니다.

응애류가 극성을 부리는 시기가 아닌데, 소나무 잎이 생기가 없다거나 누렇게 뜨는 것 같다면 호리왕진딧물을 의심해 보기 바랍니다.

▼ 소나무 잎에 붙은 호리왕진딧물 무시충(2020.4. 충북 청주)

▼ 잎 밑에 백지를 받치고 털기(2020.4. 충북 청주)

전나무잎응애 *Oligonychus ununguis*

이름도 확실치 않은 소나무응애

참나무 보셨습니까? 당연히 보신 분이 없겠지요. 상수리나무를 비롯해 갈참나무, 굴참나무, 물참나무, 졸참나무 등을 통틀어 일컫는 이름일 뿐 실제 참나무라는 종이 없다는 건 다 아실 겁니다. 이런 상식 같은 이야기를 꺼낸 건 하고많은 응애류 중에 정작 '소나무응애'라는 이름을 가진 종이 없기 때문입니다. 그런데도 대부분, 심지어 저조차도 '소나무응애 피해'라는 말을 많이 씁니다.

진드기(tick)와 응애(mite)를 구분해 부르는 영어권 국가에서와 달리 우리나라에서는 대략 사람을 포함한 동물에 기생하는 종류는 진드기, 식물에 기생하는 종류는 응애라고 부르는 경향이 있습니다.

▲ 응애류 피해 소나무 1(2021.6. 충북 청주)　　　▲ 응애류 피해 소나무 2(2021.6. 충북 보은)

▲ 응애류 피해 주목(2021.6. 충북 청주)

　응애는 거미강 진드기목 응애과에 속하는 동물이어서 곤충이 아닙니다. 크기가 매우 작아서 맨눈으로는 확인하기 어려운데, 엽육 속에 주둥이를 꽂아 즙을 빨아 먹으며 지냅니다. 피해 초기에는 잎에 회백색 반점이 나타나 마치 먼지가 낀 것 같고 피해가 점차 심해지면 잎 전체가 황갈색으로 변합니다.

　얼마 전까지도 소나무를 가해하는 응애를 기주 범위가 넓은 전나무잎응애(*Oligonychus ununguis*)로 취급했습니다. 전나무잎응애는 구상나무, 전나무, 가문비나무, 편백나무, 잣나무, 향나무 등 다양한 나무에 삽니다. 그래서 분류가 명확하지 않은 종을 전나무잎응애로 취급해 왔는데, 최근 메타세쿼이아 잎에 발생하는 응애류 분류가 명

▲ 응애류 발생 향나무(2022.6. 충북 보은)

확해지면서 메타세쿼이아는 전나무잎응애 기주 범위에서 빠졌습니다. 이제 소나무도 그래야 할 차례입니다.

〈자연과생태〉에서 펴낸 『나무 병해충 도감』에서 제가 하고 싶은 말을 하고 있습니다. "소나무를 가해하는 잎응애류는 소나무응애(O. clavatus), 솔응애(O. solus)이고, 기주 범위가 넓은 전나무잎응애(O. ununguis)는 소나무에서 발견되지 않는다."

메타세쿼이아를 비롯해 낙엽송, 소나무 등에 발생하는 응애들이 전나무잎응애에서 분리되듯이 앞으로는 수종별로 응애가 분류되리라고 봅니다. 어느 분이 "그래서 약은요?"하고 묻습니다. 기주별 해충이 속속 밝혀진다 해서 하루아침에 약제가 바뀌는 건 아니겠지요.

오리나무좀 *Xylosandrus germanus*

깨알만 한 게 설마 나무를 죽이겠어요?

오리나무좀은 몸길이가 1.2~2.2mm이니 깨알 같다는 말이 틀리지는 않겠지요. 딱정벌레목 나무좀과 종 중에서도 매우 작은 편입니다. 깨알 같은 게 설마 나무를 죽일까 싶겠지만 작다고 우습게 볼 녀석이 아닙니다. 피해가 심하면 나무를 고사에 이르게까지 합니다.

오리나무좀은 기주 범위도 넓습니다. 느티나무, 벚나무, 밤나무, 호두나무 등 각종 활엽수와 소나무, 삼나무 같은 침엽수까지 먹이 식물로 삼습니다. 진단을 의뢰한 충북 청주의 호두나무 재배 농가에

▲ 오리나무좀 피해를 입은 호두나무(2020.5. 충북 충주)

가 보니 성충이 줄기와 굵은 가지에 침입해 외부로 배설물과 톱밥을 배출했고 피해 부위는 얼룩져 있었습니다.

앞서도 이야기했듯이 "오리나무좀 피해입니다"라고 간단히 소견을 제출한다면 반쪽짜리 진단입니다. 오리나무좀뿐 아니라 소나무좀, 광릉긴나무좀 등 나무좀류 피해의 공통점은 수세가 쇠약해진 나무에서 발생한다는 점입니다.

제가 충북 보은과 진천의 호두나무 재배 농가를 방문해 진단하고 제출했던 소견서의 일부를 소개합니다. "해마다 새로운 나무에서 피해 발생. 건전한 나무보다는 수세가 쇠약한 나무 또는 전년에 동고병 피해를 받은 나무를 주로 가해하기 때문에 나무를 건강하게 돌보는 게 우선적 예방법으로 사료됨." 충북 청주의 진단 결과도 이와 비슷합니다.

▲ 호두나무 수간 하부의 오리나무좀 피해 흔적(2020.5. 충북 충주)

◀ 오리나무좀
피해 느티나무
(2016.5. 충북 진천)

오리나무좀은 연 2~3회 발생하며 성충으로 월동하기 때문에 이른 봄부터 늦가을까지 피해가 이어집니다. 겨울을 난 성충은 4~5월에 나타나서 줄기에 구멍을 뚫고 들어가 산란합니다. 알에서 깨어 나온 유충은 목질부에서 암브로시아균을 먹으며 균을 배양하는데 그로 인해 나무는 수세가 약해지고 심하면 고사에 이릅니다. 새로운 성충은 7~8월에 나타납니다.

나무좀류는 몸이 장타원형으로 생겼기 때문에 길이에 비해 너비가 무척 좁습니다. 그래서 피해 나무에는 볼펜 촉보다도 작은 구멍들이 생깁니다. 오리나무좀도 마찬가지인데 여기에 오리나무좀이 들어 있다는 걸 쉽게 알아차릴 단서가 또 있습니다. 유충이 목질을 파먹으며 배출하는 톱밥이 국숫발처럼 길게 밀려 나온다는 점입니다.

▲ 오리나무좀 피해 밤나무(2016.5. 충북 진천)

벚나무알락나방 *Illiberis (Primilliberis) rotundata*

피해는 적습니다.

태풍이 올라오고 있다는 소식을 들은 날입니다. 한산한 도로에서 신호대기 중에 창밖을 봤습니다. 덩굴장미가 있었는데 제 눈에 들어온 건 아직도 남아 있는 빨간 꽃이 아니었습니다. 듬성듬성 앙상한 가지들, 여름을 견뎌 낸 상흔, 그 속에 분명히 뭔가가 있을 거라는 짐작 때문이었습니다.

범인은 이 친구 벚나무알락나방 유충입니다. 워낙 먹성이 좋아서 피해 가지는 잎을 몽땅 갉아 먹히고 가지만 남기도 합니다. 장미과 식물인 벚나무, 장미, 복사나무, 매실나무 등에 살며 월동 유충이 4월부터 나와 떼 지어 1년생 가지를 가해합니다. 유충은 새잎을 먹고 자라다가 5월에 노숙 유충이 되며 잎 뒷면에 흰 고치를 틀고 번데기가 됩니다. 2주 정도 번데기 기간을 거친 뒤에 6월에 성충으로 우화하며, 교미한 성충은 잎 뒷면에 알을 낳습니다. 9월이 되면 알에서 다시 유충이 깨어 나오고 잎 뒷면에 모여 지내면서 잎을 먹다가 날씨가 서늘해지면 흩어져 월동에 들어갑니다.

한 가지 더 살펴볼 게 있습니다. 한동안 이 종은 벚나무알락나방 (Leech (Illiberis) rotundata)과 매실먹나방(Illiberis nigra)이라는 두 가지 이름으로 불렸습니다. 게다가 두 종에 대한 영명은 똑같이 Prunus Bud Moth로 썼으니 누구나 헷갈릴 만한 상황이었습니다. 분류학에서는 이런 경우를 동물이명(同物異名)이라고 합니다. 누군가 이미 발표한 걸 모르고 다른 이름으로 또 발표해서 발생하는 일입니다. 다행히 최근에 혼란을 정리해 벚나무알락나방(Illiberis (Primilliberis) rotundata) 으로 통일했으니 매실먹나방이라는 이름은 잊어도 됩니다.

벚나무알락나방 유충이 새 가지의 잎을 몽땅 갉아 먹을 수도 있지만 나무에 치명적인 영향을 미치지는 않습니다. 그래서 월동 유충이 나타나는 4월에 약제를 살포해 방제할 수도 있지만, 내버려 둬도 별다른 문제는 없습니다.

◀ 벚나무알락나방
유충(2022.9.2.
충북 괴산)

솔나방 *Dendrolimus spectabilis*
송충이 보신 적 있나요?

"전에는 말이야. 깡통 하나, 나무젓가락 하나 들고 송충이 잡으러 많이 다녔거든."

산림 관련 분야 선배들께 많이 듣던 이야기입니다.

징그러운 벌레의 대명사인 송충이는 솔나방의 유충을 말합니다. 1990년대까지만 해도 꽤 흔했는데, 2000년대 들어서며 농약을 많이 친 탓인지 도심에서는 거의 볼 수 없게 되었습니다. 그러다 보니 요즘에 실제 송충이를 본 사람은 매우 적습니다.

▲ 솔나방 피해를 입은 스트로브잣나무(2012.5. 충북 옥천)

▲ 솔나방 유충(송충이)

이 사진의 주인공이 바로 솔나방의 유충, 송충이입니다. 노숙 유충은 몸길이가 70mm에 이를 만큼 크며, 몸 전체는 엷은 회황색이고 배마디 윗면에 불규칙한 가로무늬가 있으며 털도 많습니다. 성충은 회백색, 암갈색, 검은색 등 색깔 변이가 심하며 날개 편 길이가 암컷은 64~88mm, 수컷이 50~67mm입니다.

▲ 솔나방 유충 피해

성충은 연 1회 발생하고 유충으로 월동합니다. 월동 유충은 4월부터 잎을 갉아 먹으며 7월 상순에 잎 사이에 고치를 만들고 번데기가 됩니다. 7월 하순~8월 중순에 우화한 성충은 잎에 무더기로 산란하고 8월 하순부터 새로운 유충이 나타나서 잎을 갉아 먹다가 10월 중순부터 수피 틈이나 낙엽 밑에서 월동을 시작합니다.

이처럼 유충이 가을과 이듬해 봄 두 차례 나타나 잎을 갉아 먹으며, 피해를 발견했을 때에는 이미 노숙 유충이거나 고치를 트는 상태입니다. 그래서인지 모든 관련 책에서는 월동 유충이 가해하기 시작하는 4월과 어린 유충기인 9월에 방제하라고 권합니다. 그런데 유충으로 월동하는 해충의 출현 시기가 해마다 들쭉날쭉하다는 점이 또 신경 쓰입니다.

2016년에 충청북도산림환경연구소에서 펴낸 『수목 병해충 진단 사례집』의 기록이 그런 우려를 더욱 부추깁니다. "충북지역 솔나방 발생은 리기다소나무, 스트로브잣나무에서 주로 8~9월에 보고가 많았으나, 최근 2년간은 5~6월 발생이 보고되고 있다."는 내용입니다. 2016년 6월 충북 청주 도로 한가운데에 분리막 용도로 심은 소나무에서 확인한 솔나방 유충 피해도 이런 우려를 뒷받침합니다. 이미 고치를 발견했기 때문입니다. 일반적으로 알려진 7월에 고치를 튼다는 정보에 비해 한 달이나 빠릅니다.

이미 우리나라에서는 500여 년 전부터 소나무를 가해하는 악명 높은 해충으로 알려졌을 만큼 솔나방 유충 피해는 무척 큽니다. 다행인 건 솔나방의 자연치사율이 매우 높다는 점입니다. 알이 무사히 자라 성충이 되는 비율이 불과 1%밖에 되지 않습니다.

▲ 솔나방 고치와 성충

나무를 응원하며

나무를 비롯한 모든 식물은 봄부터 부지런히 움직입니다. 가을에 씨앗 한 톨, 열매 한 알을 맺으려고 꽃을 피우고 벌과 나비를 불러 모으며 야단법석을 떠는 건 여름 한 철만의 노력으로는 부족합니다. 혹독한 겨울을 무사히 날 수 있을 만큼 완전무장까지 하려면 이 또한 가을 한 철만으로는 부족합니다. 그래서 이른 봄부터 기지개를 켜고 서둘러야 합니다.

이런 일련의 과정에는 조력자들이 필요합니다. 벌과 나비는 물론이고 박테리아를 비롯한 여러 공생균이 조력자입니다. 그러나 때로는 심각한 병균이나 곤충으로부터 공격받기도 합니다. 가벼운 찰과상이나 몸살 정도로 끝나는 약한 공격을 받을 때도 있지만 죽음에 이를 만큼 심각한 공격을 받을 때도 있습니다. 설령 그런 공격을 받아서 죽기 직전까지 내몰리더라도 식물은 스스로 삶을 끝내지는 않습니다. 남겨진 뿌리에서 새로운 싹을 틔워 내며 단 하나의 씨앗이라도 남기려고 다시 한번 꽃을 피우고 열매 맺을 준비를 합니다. 삶을 이어 나가고자 최선을 다합니다.

우리는 나무를 대할 때 사람 관점으로 생각하고는 합니다. 병과 해충 피해 없이 보기 좋게 자라는 나무를 상상합니다. 그저 사람의 욕심이지 나무 입장을 고려한 건 아닙니다. 이 책은 이런 문제의식에서 이야기를 풀어 갑니다. 저는 나무를 공부하는 사람으로서 나무의 입장을 먼저 고려하는 김흥중 선생님의 숲과 나무 이야기에 매우 공감합니다.

"수목진단과 처방에서 사람은 그저 거들 뿐입니다. 나무와 숲이 스스로 깨어나고 일어설 수 있도록 돕는 것 그리고 기다려 주는 것 뿐입니다. 수많은 나무와 나눈 대화는 그들이 내지르는 비명이었는지도 모릅니다. 그들의 목소리를 잘 듣고자 나는 귀를 열고 있었는지, 아집에 싸여 소홀히 흘리지는 않았는지 다시 한번 생각해 봅니다."라는 김흥중 선생님의 자세는 제가 나무를 대하는 태도로 옮겨 왔습니다.

이런 이야기가 나무를 관리하는 사람에게 무력감을 느끼게 할 수도 있습니다. 나무와 숲이 스스로 깨어나고 일어서기를 기다린다는 게 방치하는 것과 무엇이 다르냐고 반문할 수도 있습니다. 그러나 수목진단은 개입이 아니라 나무의 특성과 삶을 인정하고 존중하는 것에서부터 시작해야 한다고 생각합니다. 나무의 아픔과 고난을 읽어 내고 미리 그런 환경에 처하지 않도록 돌보는 것, 그것이야말로 우리가 나무에게 보내는 응원이라고 생각합니다.

2024년 7월 정유용

단행본 및 논문

강전유, 2001,『수목 치료 의술』, 나무사랑

강전유, 2008,『나무 병해도감』, 소담출판사

강전유, 2018,『나무의 비생물적 피해』, 나무종합병원

강판권, 2017,『나무를 품은 선비』, 위즈덤하우스

강희안 저, 서윤희·이경록 역, 1999,『양화소록』, 눌와

경상북도산림환경연구원, 2011,『나무관찰도감』

국립산림과학원, 2007,『연구신서 제24호 특용수 해충도감』

국립산림과학원, 2007,『연구신서 제26호 침엽수 병해도감』

국립산림과학원, 2009,『연구신서 제32호 조경수·특용수 병해도감』

국립산림과학원, 2011,『연구신서 제50호 활엽수 병해도감』

국립산림과학원, 2016,『연구신서 제91호 한라산 구상나무: 왜 죽어가고 있는가?』

국립산림과학원, 2017,『2017년 우박과 가뭄에 의한 산림피해 종합보고서』

국립산림과학원, 2017,『연구자료 제737호 생활권 수목진료 현장기술』

국립산림과학원, 2018,『생활권 수목 병해 도감』

김경희, 2013,「느티나무의 잎마름성 병해」, 한국조경수협회 학술논문

김민식, 2019,『나무의 시간』, 브레드

김용규, 2009,『숲에게 길을 묻다』, 비아북

김진수 외, 2014,『소나무의 과학』, 고려대학교출판부

김호준, 2009,『원색수목환경관리학』, 그린과학기술원

김홍중, 2022,『미동산, 숲과 나무에 취하다』, 자연과동화

나용준·우건석·이경준, 2009,『조경수 병해충 도감』, 서울대학교출판문화원

대니얼 샤모비츠 저, 권예리 역, 2019,『은밀하고 위대한 식물의 감각법』, 다른

레이첼 카슨 저, 김은령 역, 2011,『침묵의 봄』, 에코리브르

로베르 뒤마 저, 송혁석 역, 2004,『나무의 철학』, 동문선

문성철·이상길, 2014, 『나무 병해충 도감』, 자연과생태

박상진, 2011, 『우리 나무의 세계』, 김영사

산림청, 2012, 『수목진료 매뉴얼』

산림청, 2021, 『2021년도 산림병해충 예찰·방제계획』

스테파노 만쿠소 저, 임희연 역, 2020, 『식물, 세계를 모험하다』, 더숲

양성일, 1995, 『한국 수목병명 목록집』, 임업연구원

에드워드 윌슨 저, 황현숙 역, 1995, 『생명의 다양성』, 까치

오순화, 2014, 『오순화의 나무병원』, 진원

오카야마 미즈호 저, 염혜은 역, 2013, 『나무를 진찰하는 여자의 속삭임』,
   디자인하우스

우종영, 2010, 『나는 나무처럼 살고 싶다』, 걷는나무

이경준, 1997, 『식물생리학』, 서울대학교출판부

이나가키 히데히로 저, 조홍민 역, 2017, 『식물도시 에도의 탄생』, 글항아리

이완주, 2008, 『식물은 지금도 듣고 있다』, 들녘

이은희, 2002, 『하리하라의 생물학 카페』, 궁리

이지은·엄안흠, 2019, 『고도에 따른 한라산 구상나무와 주목의 외생 균근균
   다양성 비교』, 한국교원대학교 생물교육과

이항규, 1998, 『환경에 관한 오해와 거짓말』, 모색

임경빈, 1982, 『나무백과 1~5』, 일지사

임태훈, 2013, 『소방귀에 세금을』, 토토북

장 바티스트 드 라마르크 저, 이정희 역, 2009, 『동물철학』, 지식을만드는지식

전영우, 2004, 『우리소나무』, 현암사

전원일, 2019, 『나무병원』, 문학마을

정헌관, 2008, 『우리 생활 속의 나무』, 어문각

제임스 러브록 저, 홍욱희 역, 2004, 『가이아』, 갈라파고스

조안 엘리자베스 록 저, 조웅주 역, 2004, 『세상에 나쁜 벌레는 없다』, 민들레

존 펄린 저, 송명규 역, 2002, 『숲의 서사시』, 따님

차윤정, 1999, 『신갈나무 투쟁기』, 지성사

차윤정, 2004, 『숲의 생활사』, 웅진닷컴

충청북도산림환경연구소, 2016, 『수목 병해충 진단 사례집』

충청북도산림환경연구소, 2019,『2018년도 시험연구보고서』
충청북도산림환경연구소, 2021,『2020년도 시험연구보고서』
충청북도산림환경연구소, 2022,『2021년도 시험연구보고서』
피터 톰킨스·크리스토퍼 버드 저, 황금용·황정민 역, 1993,『식물의 정신세계』,
　　정신세계사
하시모토 켄 저, 부희옥·천상욱·김훈식 역, 2003,『식물에는 마음이 있다』,
　　전남대학교출판부
하워드 E. 에반스 저, 윤소영 역, 1999,『곤충의 행성』, 사계절
한국나무병원협회, 2018,『수목진료용어사전』, 아카데미서적
호리 타이사이·이와타니 미나에 저, 서영대·김재온 역, 2014,『수목의 진단과 조치』,
　　두양사
J.R. 맥닐 저, 홍욱희 역, 2008,『20세기 환경의 역사』, 에코리브르

웹사이트

국립산림과학원 nifos.forest.go.kr
국립생물자원관 www.nibr.go.kr
국사편찬위원회 www.history.go.kr
농촌진흥청 www.rda.go.kr
산림조합 iforest.nfcf.or.kr
산림청 www.forest.go.kr
충청북도산림환경연구소 www.chungbuk.go.kr/forest/index.do
한국미생물학회 www.msk.or.kr
한국임업진흥원 www.kofpi.or.kr

사진 및 자료 도움

충청북도산림환경연구소 임업시험과 및 충청북도 시·군의 담당자 분들